Klaus-Peter Frahm, Michael Schieben,
Wolfgang Wopperer-Beholz

PRODUCT FIELD
DIE REFERENZ

*Das Sense-making Framework
für Produktinnovation*

NEXT FACTORY OTTENSEN — NFO/01/PF

Klaus-Peter Frahm, Michael Schieben,
Wolfgang Wopperer-Beholz

PRODUCT FIELD DIE REFERENZ

Das Sense-making Framework für Produktinnovation

NEXT FACTORY OTTENSEN — NFO/01/PF

Inhalts-verzeichnis

Das Product Field ist
ein Sense-making Framework
für Teams und Organisationen,
die Produkte entwickeln.

WARUM WIR DAS PRODUCT FIELD ENTWICKELT HABEN

Von allen Erkenntnissen, die wir in etwa vierzig Jahren Produktarbeit gesammelt haben, ist nur eine wirklich gesichert:

Für Produktinnovation gibt es keinen Königsweg.

One-Size-Fits-All-Praktiken und -Prozesse funktionieren nicht, weil jede Produktinnovation in ihrem ureigenen Kontext lebt und dort spezifischen Wechselwirkungen von Menschen, Organisationen, Märkten und Technologien ausgesetzt ist. Mit anderen Worten: Produktinnovation ist ein komplexes System, das mit einfachen, schablonenartigen Praktiken und Prozessmodellen nicht erfolgreich zu managen ist.

Daraus ergibt sich die Frage, die uns schließlich zum *Product Field* geführt hat: Wie lässt sich diese Komplexität überhaupt angemessen verarbeiten? Wenn all die vorbildhaften Verfahren für Produktinnovation nicht verlässlich funktionieren, welche Herangehensweise ist dann geeignet? Mit welchem Ansatz können wir das Handeln der beteiligten Akteure so aufeinander abstimmen, dass eine positive Innovationsdynamik entsteht?

Es liegt nahe, dass Instrumente für die Beherrschung von komplexen Systemen aus einem anderen Holz geschnitzt sein müssen als auf *Best Cases* basierende Praxis- und Prozess-Empfehlungen. Werkzeuge, die solchen Anforderungen gerecht werden wollen, müssen uns in erster Linie beim *Verstehen komplexer Systeme* helfen: Sie müssen uns helfen, Vokabulare und Modelle zu entwickeln, mit denen wir geteiltes Verständnis erzeugen und kollektives Handeln koordinieren können. Sie müssen die Analyse und Bewertung komplexer Systemdynamiken unterstützen. Sie müssen uns in die Lage versetzen, Risiken und Potenziale von Innovationsvorhaben zu erkunden. Und sie müssen uns entscheiden helfen, welche konkreten Maßnahmen und Methoden wann sinnvoll um- und einzusetzen sind.

Solche Werkzeuge heißen *Sense-making Frameworks*. Mit dem Product Field haben wir ein Sense-making Framework für Teams und Organisationen geschaffen, die Produkte entwickeln.

WORUM ES IN DIESEM BUCH GEHT

Das Buch ist das Destillat unserer Arbeit an und mit dem Product Field. Es stellt ein Framework vor, das uns tagtäglich beim Denken hilft. Es wird regelmäßig aktualisiert, um seine Weiterentwicklung abzubilden.

Das Buch ist als eine Referenz für das Framework gedacht, die seine Architektur beschreibt, die enthaltenen Methoden darstellt und deren Anwendung erklärt, ob in Workshops oder als Werkzeuge für den persönlichen Gebrauch.

Das Buch ist weder Übungsheft oder Wegweiser, noch liefert es konkrete Fallstudien oder inspirierende Erfolgsgeschichten. All dies heben wir uns für spätere Veröffentlichungen auf. An dieser Stelle konzentrieren wir uns auf die präzise Beschreibung der Grundlagen, und wir hoffen, dass dieser Fokus auch für Sie ein Gewinn sein wird.

AN WEN SICH DIESES BUCH RICHTET

Das Buch richtet sich an Produktmenschen, die in komplexen Umgebungen arbeiten, sei es als CEO oder Product Owner, Gründer oder Berater. Es leistet Hilfestellung für Akteure aus Produktmanagement, UX, Marketing und Softwareentwicklung, die wissen, dass eine gemeinsame Sprache und eine geteilte Perspektive für den Produkterfolg entscheidend sind. Für Moderatoren und Facilitatoren bietet das Buch eine Reihe von praktischen Tipps für die Gruppen- und Teamarbeit mit dem Product Field.

Das Buch eignet sich nicht für Menschen, die einen Königsweg suchen oder nach schnell vermarktbaren Buzzwords lechzen. Ebenso wenig wird es Menschen ansprechen, die nicht bereit sind, sich intellektuell mit den Prinzipien der Produktinnovation auseinanderzusetzen. Wer das möchte, sollte andernorts schauen – Alternativen gibt es im Markt zuhauf.

WIE DIESES BUCH ZU LESEN IST

Das Product Field und die vorliegende Referenz sind ursprünglich in englischer Sprache entstanden. Um einen *Lost-In-Translation*-Effekt zu vermeiden, haben wir auf die Übersetzung der zentralen Begriffe ins Deutsche verzichtet. Aus Gründen der Lesbarkeit wurde im Text die maskuline Form gewählt, nichtsdestoweniger beziehen sich die Angaben auf Angehörige beider Geschlechter.

Wir empfehlen, das Buch mindestens einmal von vorne bis hinten durchzulesen, denn Ansatz, Framework und Methoden werden systematisch und linear eingeführt und erläutert. Die Kapitel in der abgedruckten Reihenfolge zu lesen wird für schrittweise wachsendes Verständnis sorgen. Falls manche Dinge zunächst etwas abstrakt wirken – bitte nicht verzagen und stattdessen den Blick auf die Illustrationen richten. Die zu Beginn eingeführten Definitionen und Abstraktionen werden sich später auszahlen.

Die Kapitel 01 bis 04 beschreiben nicht nur Architektur und Details des Product Field, sondern auch die vier empfohlenen Anwendungsschritte. In deren Reihenfolge sind die Kapitel angeordnet.

Nachdem Sie das Buch einmal vollständig durchgelesen und seine Inhalte verarbeitet haben, soll es als praktische Referenz für den Arbeitsalltag dienen, in der Sie jederzeit Details zu einzelnen Aspekten des Product Field nachschlagen können. Zudem enthält es einige Praxistipps für jeden Anwendungsschritt.

Für die Neugierigen unter Ihnen haben wir am Ende eine Liste mit Lesetipps zusammengestellt. Es handelt sich um eine kleine Auswahl von Büchern und Artikeln, die uns inspiriert haben und die eine wichtige Grundlage für unsere Arbeit bilden.

Nun aber genug der Vorrede. Viel Vergnügen bei Ihrer Erkundungsreise durch diese Referenz – und lassen Sie uns wissen, wohin die Arbeit mit dem Product Field Sie führt!

Godspeed!

Wolfgang, Michael und Klaus-Peter

DEFINITIONEN

Die Grundlagen des Product Thinking

Produktinnovation ist die Entwicklung und Markteinführung von neuen, überarbeiteten oder substanziell verbesserten Produkten.

DEFINITIONEN

Die Grundlagen des Product Thinking

Produktinnovation ist die Entwicklung und Markteinführung von neuen, überarbeiteten oder substanziell verbesserten Produkten.

PRODUKTINNOVATION

Produktinnovation ist die Entwicklung und Markteinführung neuer, überarbeiteter oder wesentlich verbesserter Produkte.

Sie kann verstanden werden als

① die *Praxis* der Entwicklung und Einführung dieser Produkte,
② der *Prozess*, der diese Praxis strukturiert,
③ das *System*, in dem die Praxis stattfindet.

Die meisten populären Zugänge zu *Produktinnovation* beziehen sich auf die erste oder zweite Auslegung und bieten entweder eine Liste von *Best Practices* oder eine Reihe von Prozess-Frameworks als Leitlinien für erfolgreiche Innovation an.

Als System betrachtet ist Produktinnovation komplex. Sie ist nicht ein Aggregat individuellen Verhaltens, sondern ein dynamisches Netzwerk von interagierenden Akteuren, Strategien, Artefakten und Bedingungen. Die Akteure und ihre Strategien sind nicht statisch, sondern adaptiv: Sie ändern sich fortlaufend in Reaktion aufeinander, auf aggregierte Eigenschaften des Systems und auf äußere Ereignisse. Folglich sind die Praxis und der Prozess der Innovation nur ein Teil des Systems, in dem sie stattfinden, und hochgradig abhängig von seinem Gesamtzustand.

Product Thinking ist eine Denkhaltung und Methodik für Design und Management von Produktinnovation.

PRODUCT THINKING

Product Thinking ist eine Denkhaltung und eine Methodik für Design und Steuerung von Produktinnovationen. Es behandelt Produktinnovation als komplexes adaptives System und ist darauf ausgerichtet, die nachhaltig positive Wirkung von Produktinnovationen auf alle Stakeholder zu maximieren.

Aufgrund von Feedback-Schleifen und der daraus resultierenden nichtlinearen Veränderung können komplexe adaptive Systeme nicht wie lineare Systeme gesteuert werden. Die erfolgreiche Anwendung einfacher normativer *Methoden*, wie sie für einen praxis- oder prozessorientierten Zugang zu Produktinnovation geeignet wären, ist damit ausgeschlossen. Gleichzeitig liefern generische und reduktionistische *Modelle* von Innovation keine verlässlichen Entscheidungshilfen, weil sie die spezifischen Dynamiken konkreter Produktinnovationen nicht erfassen können. Darüber hinaus verringern normative Methoden und vorgefertigte Modelle Identifikation mit und Akzeptanz von Ergebnissen, weil Stakeholder den Prozess nicht mitgestaltet haben, in dem sie erarbeitet werden.

Aus diesen Gründen bezieht Product Thinking Stakeholder aktiv ein und versetzt sie in die Lage,

① spezifische Modelle der Systeme zu entwickeln und anzupassen, deren Teil sie sind,
② sie zu benutzen, um gewünschte Wirkungen zu definieren, diskutieren und abzustimmen,
③ Produktinnovationen so zu steuern, dass diese Wirkungen bestmöglich erreicht werden.

So ermöglicht Product Thinking echte Selbstorganisation.

Kollaboratives Sense-making ist eine inklusive und partizipative Praxis, die geteiltes Verständnis fördert.

SENSE-MAKING

Kollaboratives Sense-making ist eine inklusive und partizipative Praxis, die geteiltes Verständnis und damit Selbstorganisation in komplexen adaptiven Systemen fördert. Sie hilft Stakeholdern dabei, ihre Umwelt zu kartieren, sich selbst darin zu verorten, Abhängigkeiten und Wechselwirkungen zu identifizieren, geteilte mentale Modelle zu entwickeln und anzupassen sowie Absichten auszudrücken und abzustimmen. So ermöglicht und koordiniert sie gemeinsames Handeln.

Sense-making Frameworks unterstützen diese Praxis, indem sie Kommunikation organisieren und eine konstruktive Diskussion fördern. Im Speziellen

① definieren sie einen *Begriffsraum*, in dem Stakeholder ihre Umwelt beschreiben und ihre Position, Perspektive, Interessen oder Aktivitäten verorten können,

② stellen sie *Heuristiken* und *Leitfäden* für das Sammeln, Organisieren, Interpretieren und Kritisieren von Tatsachen und Erfahrungen bereit, die eine systematische Exploration von Systemdynamiken ermöglichen,

③ strukturieren sie den *Prozess* von Bezugsrahmen und Faktensammlung bis zu Analyse und Entscheidungsfindung für maximale Beteiligung und minimale Voreingenommenheit.

Bekannte Beispiele für Sense-making Frameworks sind Dave Snowdens *Cynefin*, Cynthia Kurtzs *Confluence*, und Wilhelm Ulrichs Critical Systems *Heuristics*.

Das Product Field ist ein Sense-making Framework für Produktinnovation.

DAS PRODUCT FIELD

Das Product Field ist ein Sense-making-Framework für Produktinnovation. Um deren nachhaltig positive Wirkung auf alle Stakeholder zu maximieren, leistet es konkrete Hilfestellung bei folgenden Herausforderungen:

① **FRAME** – Schaffung eines gemeinsamen *Bezugsrahmens* und geteilten Verständnisses: Das Product Field bietet dafür einen Begriffsraum und eine visuelle Struktur, die ein geteiltes Vokabular zur Verfügung stellen.

② **MAP** – Erarbeitung einer *Landkarte* als gemeinsame Arbeitsgrundlage: Der Product-Field-Canvas bietet eine Fläche, auf der gemeinsam alle vorhandenen Kenntnisse über eine Produktinnovation abgebildet und verortet werden

③ **CHECK** – *Überprüfung* auf konzeptionelle Mängel, Lücken und Unstimmigkeiten: Die formale Grammatik des Product Field macht Kohärenz und Konsistenz von Produktinnovationen systematisch validierbar.

④ **FIND** – *Auffinden* von Stärken und Schwächen: Mit dem Product Field lassen sich positive und negative Potenziale im strategischen, organisationalen und operativen Kontext von Produktinnovationen visualisieren und daraus konkrete Handlungsbedarfe ableiten.

01 FRAME

Gemeinsamer Bezugsrahmen und geteiltes Verständnis

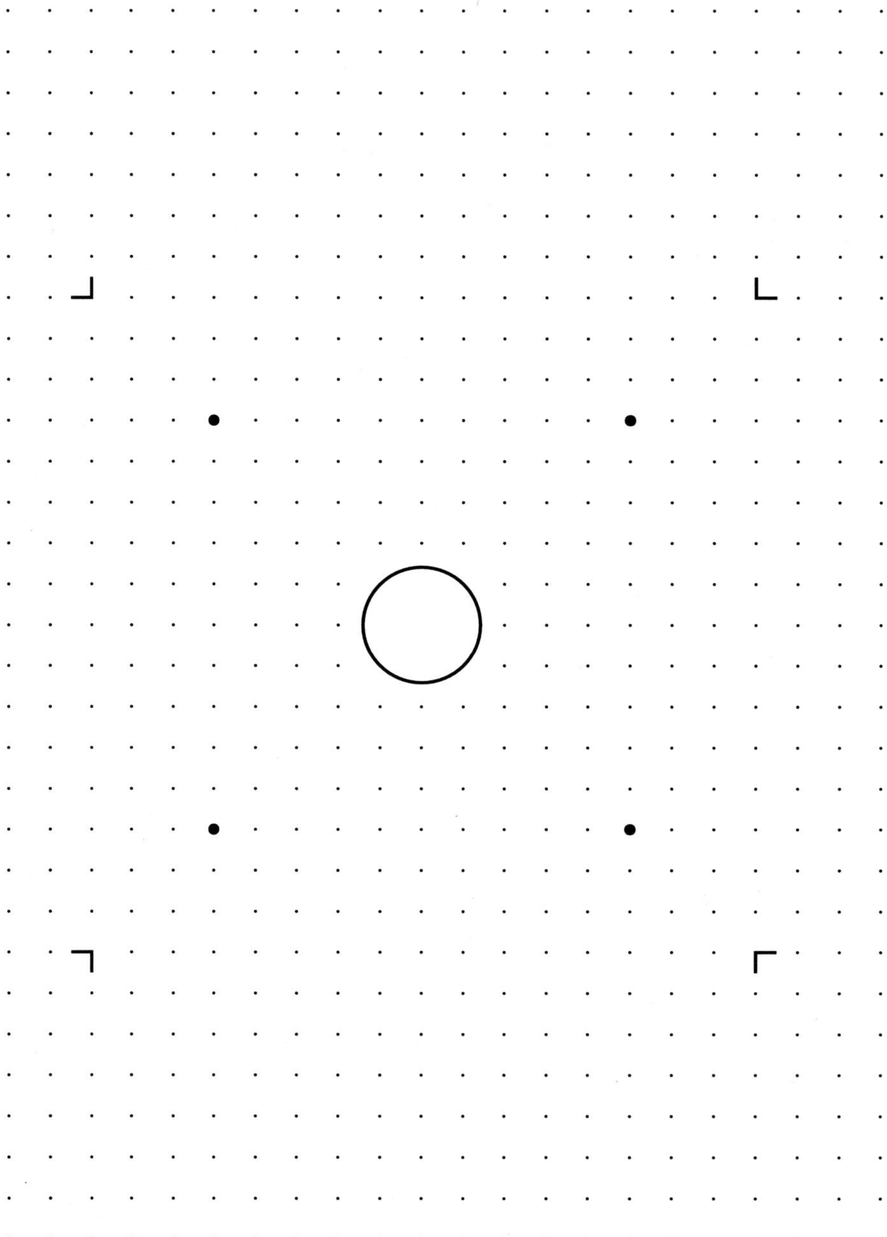

Das Product Field ist im Kern ein *generisches Framework* für die Entwicklung *spezifischer Modelle* von Produktinnovationen. Ein geteiltes Vokabular und ein visueller Rahmen ermöglichen die Einbeziehung aller Stakeholder und die Repräsentation ihrer Interessen, um die nachhaltig positive Wirkung von Innovationen zu maximieren.

Das Framework ist auf folgenden Ebenen definiert:

BEGRIFFSRAUM UND CANVAS – Die Grundlage des Frameworks ist ein Begriffsraum, der die Wechselwirkungen der Komponenten einer Produktinnovation erfassbar macht. Dieser Raum wird als Canvas visualisiert.

ASPEKTE UND FELDER – Die einzelnen Komponenten werden in verschiedene Aspekte der Produktinnovation kategorisiert. Diese werden durch Felder auf dem Canvas visuell repräsentiert.

SETS UND ZONEN – Die Aspekte werden je nach ihrer jeweiligen Position im Begriffsraum in Sets zusammengefasst. Die Sets werden visuell repräsentiert durch Zonen.

ELEMENTE UND CHARAKTER – Schließlich lassen sich die Aspekte vier grundlegenden Elementen von Innovation zuordnen, deren spezifische Ausprägung den Charakter einer konkreten Innovation bestimmt.

Ein geteiltes Verständnis von Produktinnovation erfordert Abstraktion und Illustration.

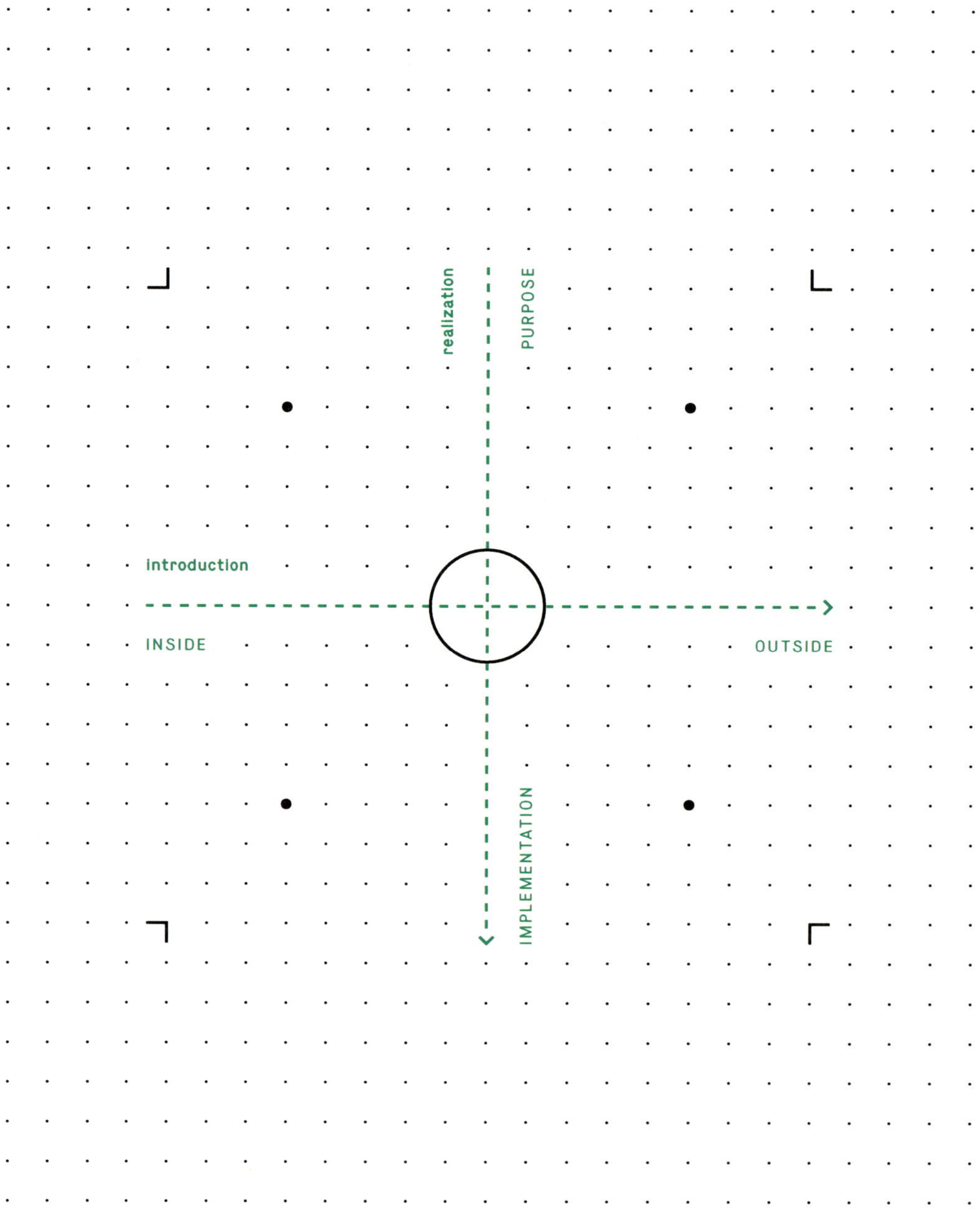
realization
PURPOSE
introduction
INSIDE
OUTSIDE
IMPLEMENTATION

BEGRIFFSRAUM UND CANVAS

Der Begriffsraum des Product Field ist durch zwei Dimensionen definiert, die sich aus dem Entwicklung-zu-Einführung-Vektor der kanonischen Definition von Produktinnovation ableiten. Um die Dimensionen zu gewinnen, wird dieser Vektor zunächst in zwei orthogonale Basen zerlegt:

① Ein Produkt entsteht immer innerhalb einer Organisation und muss Nutzer und Kunden außerhalb davon erreichen – es verkörpert eine Bewegung von innen (*Inside*) nach außen (*Outside*). Dies stellt die *Introduction*-Basis des Vektors dar.

② Ein Produkt wird realisiert, weil es einen Zweck für seine Stakeholder erfüllt – es verkörpert eine Bewegung vom Zweck (*Purpose*) zur Umsetzung (*Implementation*). Dies stellt die *Realization*-Basis des Vektors dar.

Die Verlängerung der beiden Basen ergibt *Introduction* und *Realization* als die beiden Dimensionen des Begriffsraums, der daher als zweidimensionales, finites kartesisches Koordinatensystem verstanden werden kann.

Das Koordinatensystem hat seinen Ursprung auf halber Strecke von *Inside* zu *Outside* und von *Purpose* zu *Implementation*. Es erfasst alle möglichen Verläufe einer Produktinnovation und ist visuell im Canvas des Product Field repräsentiert, dessen Zentrum den Ursprung des Koordinatensystems anzeigt.

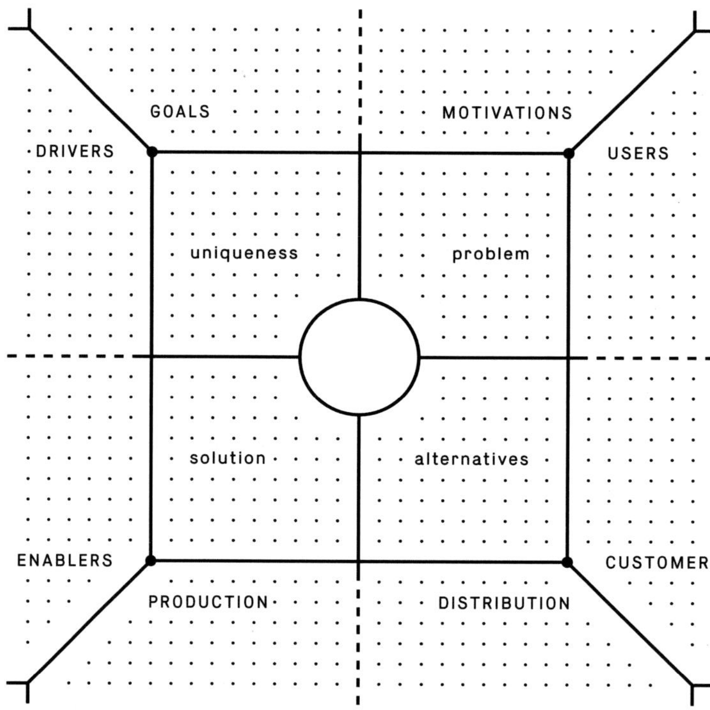
GOALS
MOTIVATIONS
DRIVERS
USERS
uniqueness
problem
solution
alternatives
ENABLERS
CUSTOMERS
PRODUCTION
DISTRIBUTION

ASPEKTE UND FELDER

Das Product Field berücksichtigt alle möglichen Akteure, Strategien, Artefakte und Bedingungen von Produktinnovation. Konkrete Produktinnovationen, also Systeme, bestehen aus spezifischen Ausprägungen und Anordnungen dieser Komponenten.

Um solche Systeme leichter modellieren zu können, sind alle Komponenten je nach ihren kausalen und begrifflichen Rollen in den Systemen kategorisiert. Die sich ergebenden Kategorien heißen Aspekte von Produktinnovation.

Das Product Field unterscheidet zwölf unterschiedliche Aspekte: *Goals, Drivers, Enablers, Production, Distribution, Customers, Users, Motivations, Problem, Solution, Alternatives und Uniqueness*. Sie werden im folgenden Kapitel ausführlich vorgestellt.

Die kausalen und begrifflichen Rollen der einem Aspekt zugeordneten Komponenten bestimmen auch die Position dieses Aspekts im Koordinatensystem des Product Field: Seine Koordinaten in den *Introduction*- und *Realization*-Dimensionen werden von den Rollen bestimmt, die sie in den Prozessen einer Produktinnovation spielen.

Visuell repräsentiert wird jeder Aspekt durch ein Feld auf dem Canvas, das sich in derjenigen Entfernung von dessen Zentrum befindet, die der Position des Aspekts im Koordinatensystem entspricht.

Für die Realization-Achse gilt dabei: Je abstrakter und je näher am Zweck (*Purpose*) einer Produktinnovation ein Aspekt ist, desto weiter oben befindet sich das entsprechende Feld. Umgekehrt liegen konkretere und umsetzungsbezogene Aspekte (*Implementation*) im unteren Bereich des Product Field.

Das gleiche Prinzip gilt für die Introduction-Achse: Je relevanter ein Aspekt für die organisatorischen Rahmenbedingungen (*Inside*) ist, desto weiter links wird er positioniert. Entsprechend liegen die Felder für eher externe Aspekte (*Outside*) weiter rechts.

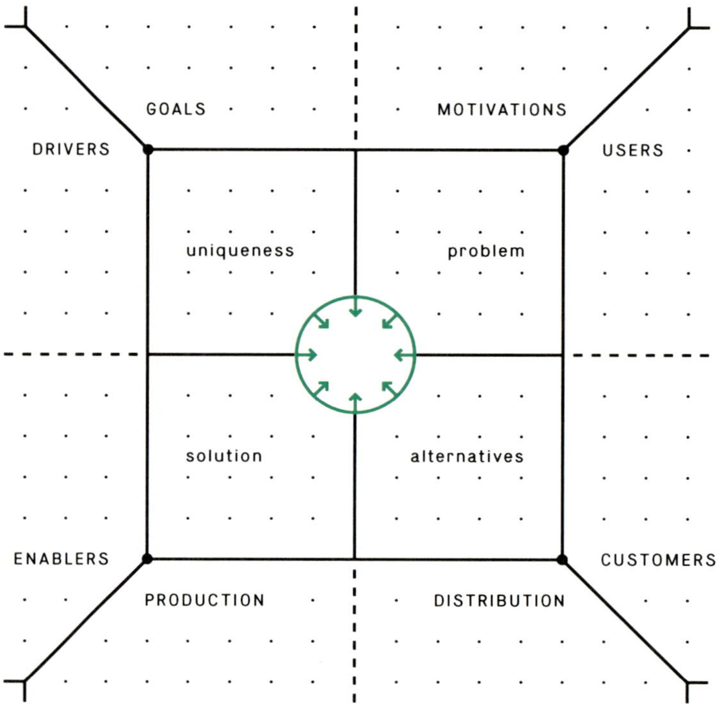
GOALS
MOTIVATIONS
DRIVERS
USERS
uniqueness
problem
solution
alternatives
ENABLERS
CUSTOMERS
PRODUCTION
DISTRIBUTION

SETS UND ZONEN

Center

Im Zentrum jeder Produktinnovation steht das Produkt selbst: ein physisches oder virtuelles Gut oder eine Dienstleistung, die innerhalb der Organisation entwickelt und außerhalb von ihr eingeführt wird, und deren Implementation einen bestimmten Zweck erfüllt.

Daher ist das erste Set von Aspekten des *Product Field* eine sogenannte Einermenge, die den Aspekt *Product* enthält. Sie bildet den Ursprung des Koordinatensystems und wird deshalb als *Center* bezeichnet. Auf dem Canvas wird das Center durch die kreisförmige Zone in dessen Mitte repräsentiert.

Product Thinking stellt das Produkt in den Mittelpunkt der Aufmerksamkeit und aller Aktivitäten.

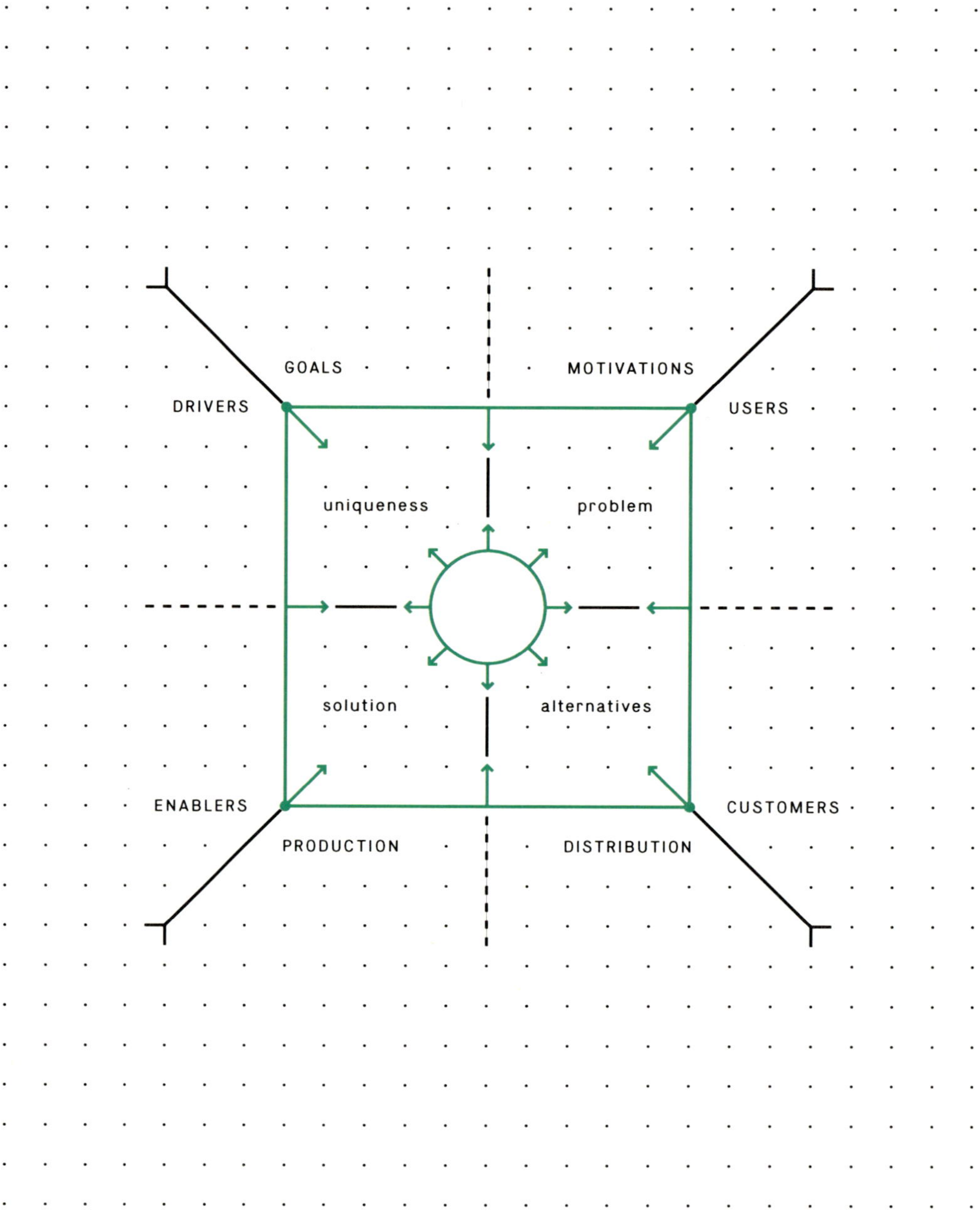
GOALS
MOTIVATIONS
DRIVERS
USERS
uniqueness
problem
solution
alternatives
ENABLERS
CUSTOMERS
PRODUCTION
DISTRIBUTION

Core

Der Kern jeder Produktinnovation ist die im Produkt verkörperte Value *Proposition*, also ein bestimmtes Wertversprechen an Nutzer und Kunden.

Das Set, das das Wertversprechen eines Produkts bestimmt, heißt daher *Core*. Es besteht aus *Problem, Solution, Alternatives und Uniqueness*. Die entsprechende Zone umgibt den Mittelkreis (*Center*) des Canvas.

In ihrem Kern ist jede Innovation ein Wertversprechen.

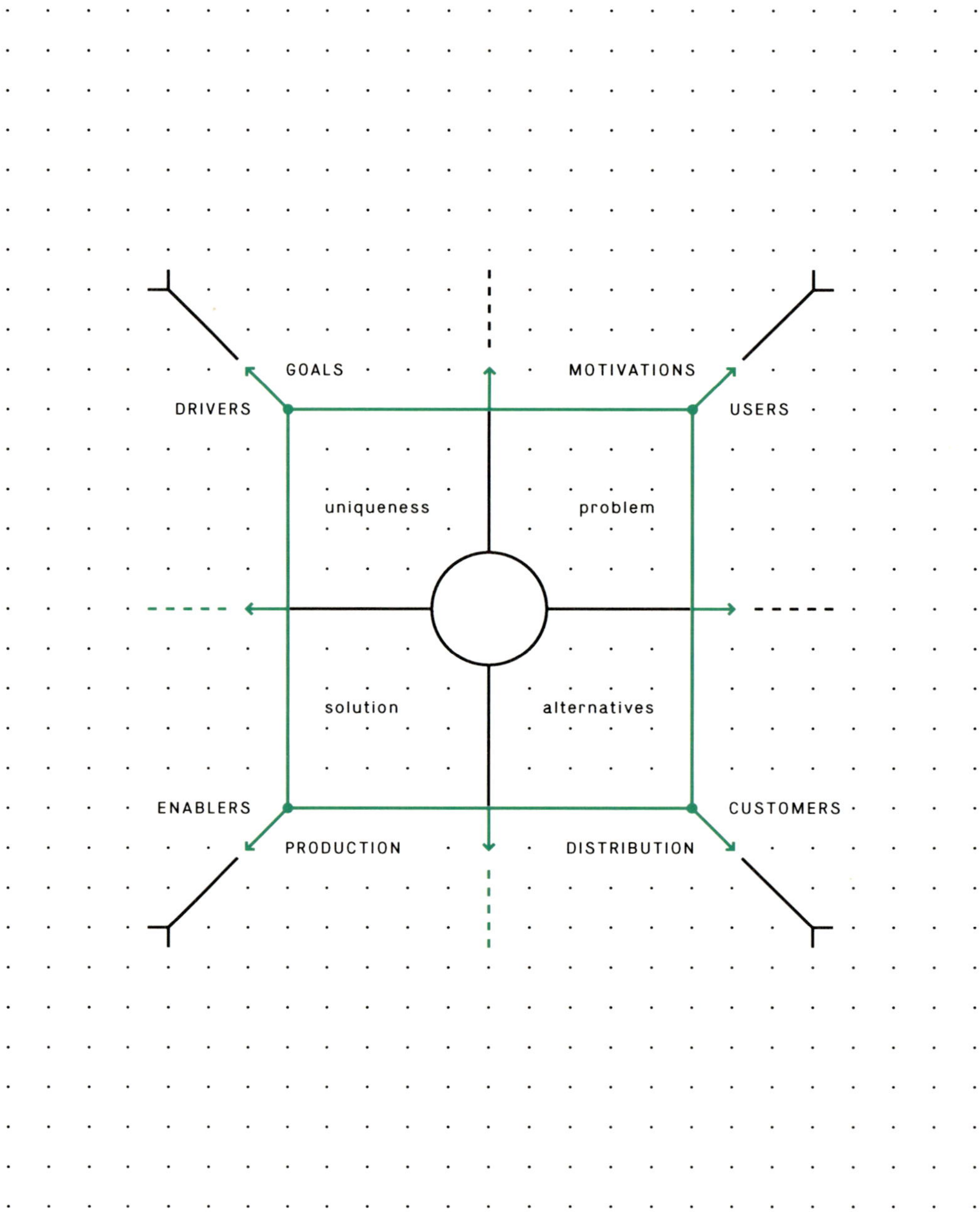
GOALS
MOTIVATIONS
DRIVERS
USERS
uniqueness
problem
solution
alternatives
ENABLERS
CUSTOMERS
PRODUCTION
DISTRIBUTION

Context

Jedes Produkt wird in einem Umfeld entwickelt, eingeführt und genutzt, in dem Stakeholder, Zielsetzungen und genutzte Mittel interagieren.

Die entsprechenden Aspekte des Product Field umfassen das Innen (*Inside*) und Außen (*Outside*) sowie den Zweck (*Purpose*) und die Implementierung (*Implementation*) der Produktinnovation. Als Set bilden diese Aspekte den Context, der aus *Goals, Drivers, Enablers, Production, Distribution, Customers, Users* und *Motivations* besteht und durch die äußerste Zone des Canvas visuell repräsentiert wird.

Der Kontext einer Innovation bestimmt ihre Erfolgschancen.

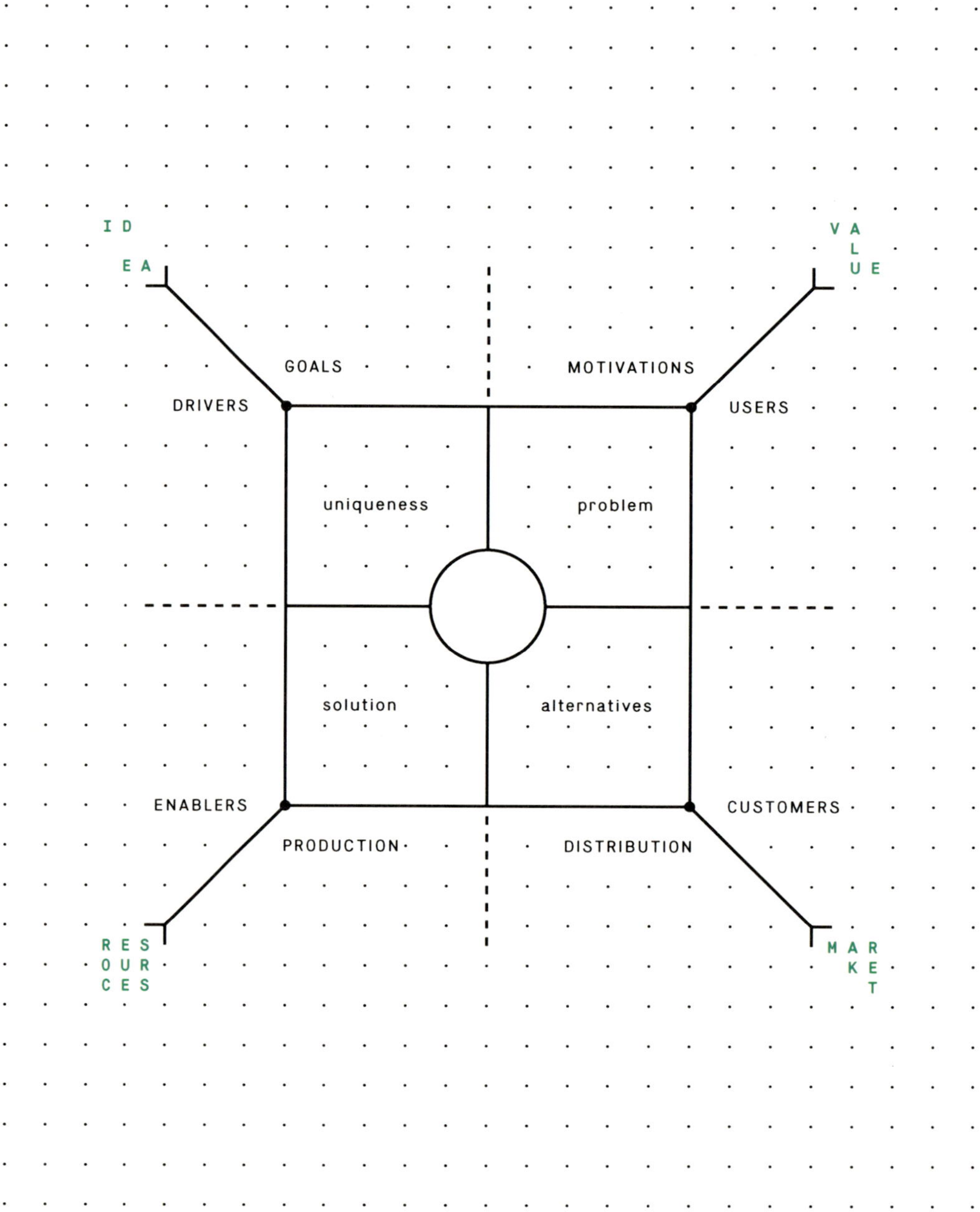
IDEA
VALUE
GOALS
MOTIVATIONS
DRIVERS
USERS
uniqueness
problem
solution
alternatives
ENABLERS
CUSTOMERS
PRODUCTION
DISTRIBUTION
RESOURCES
MARKET

ELEMENTE UND CHARAKTER

Paart man schließlich die Außenbereiche des Product Field-Koordinatensystems – Innen (*Inside*) und Außen (*Outside*), Zweck (*Purpose*) und Implementierung (*Implementation*) –, so erhält man die Elemente einer Innovation, zu der sich ihre Aspekte zusammenfassen lassen:

① auf der Innenseite ist ihr Zweck, eine Idee *(Idea)* zu verwirklichen,
② auf der Außenseite ist ihr Zweck, Wert *(Value)* zu schaffen,
③ auf der Außenseite bedient die Implementierung einen Markt *(Market)*,
④ auf der Innenseite nutzt die Implementierung Ressourcen *(Resources)*.

Die vier Elemente sind visuell an den Eckpunkten des Canvas verortet.

Die individuellen Stärken und Schwächen einer Innovation bestimmen den relativen Beitrag jedes Elements zum Erfolg und damit den Charakter der Innovation.

Innovation braucht Beiträge aus all ihren Elementen, um erfolgreich zu sein.

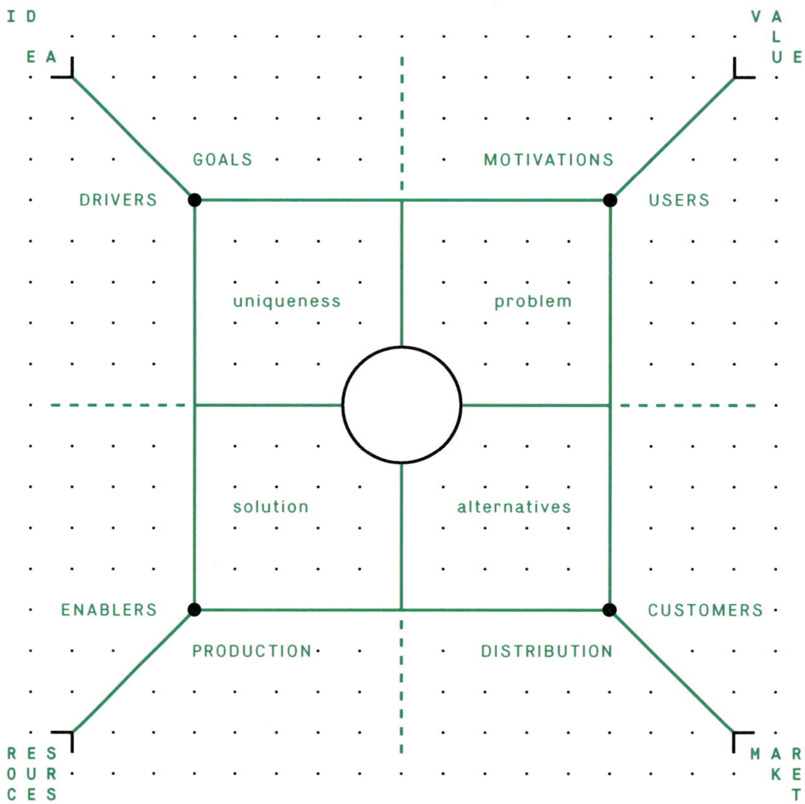
IDEA
VALUE
GOALS
MOTIVATIONS
DRIVERS
USERS
uniqueness
problem
solution
alternatives
ENABLERS
CUSTOMERS
PRODUCTION
DISTRIBUTION
RESOURCES
MARKET

FRAME – IN DER PRAXIS

Wenn Sie das Product Field selbst zeichnen, dann starten Sie mit den *Introduction*- und *Realization*-Dimensionen. Dann bauen Sie den Canvas von innen nach außen auf, indem Sie zuerst alle Linien zeichnen und dann die Beschriftungen hinzufügen. Die Feldbezeichnungen der Aspekte der Produktinnovation werden im nächsten Kapitel erläutert.

Sie können das Product Field zur Orientierung auf eine Metaplan-Wand, ein Whiteboard oder ein Flipchart projizieren und es darauf "abmalen" – oder es mit etwas Übung auch freihand zeichnen.

So oder so, versuchen Sie ...

- es wirklich groß zu machen, damit möglichst viele Fakten darauf Platz finden,
- dicke (und gute!) Stifte zu verwenden,
- das 5:3-Verhältnis von Kern und Kontext in Breite und Höhe einzuhalten,
- zu unterscheiden zwischen *Core, Context* und Elementen, indem Sie für die Beschriftung unterschiedliche Schriften und Größen verwenden: im *Core* serifenlose Kleinbuchstaben; im *Context* serifenlose Versalien; für die Elemente Versalien mit Serifen und mehrzeiligem Satz.

02 MAP

Ein geteiltes Bild als gemeinsame Arbeitsgrundlage

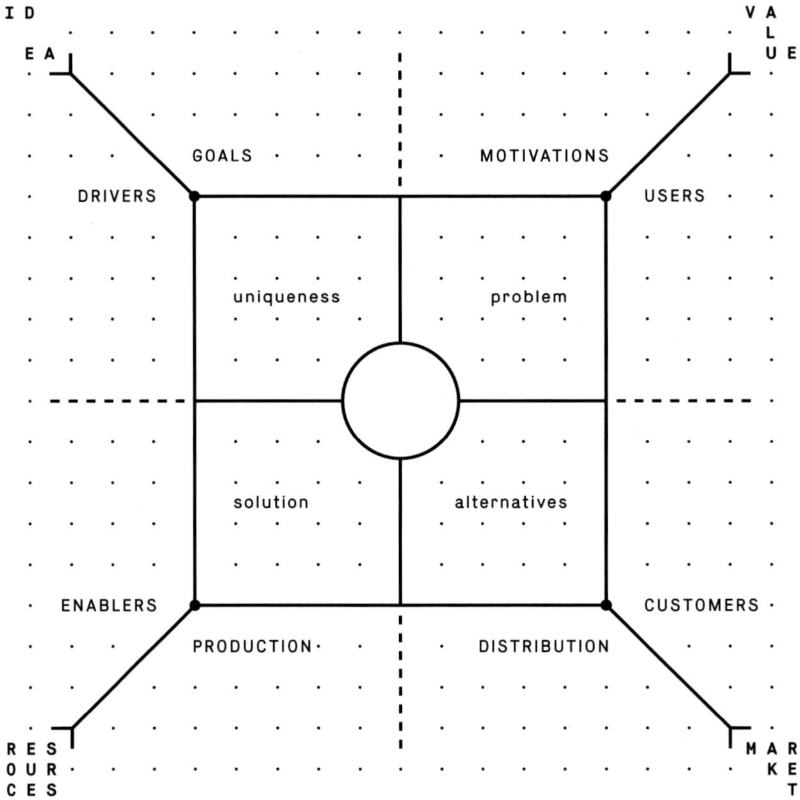
IDEA
VALUE
GOALS
MOTIVATIONS
DRIVERS
USERS
uniqueness
problem
solution
alternatives
ENABLERS
CUSTOMERS
PRODUCTION
DISTRIBUTION
RESOURCES
MARKET

Daten und Fakten zu einer Produktinnovation systematisch zu sammeln und gemeinsam den jeweiligen Aspekten des Product Field zuzuordnen, macht bestehendes Wissen und versteckte Annahmen explizit und erzeugt ein strukturiertes, umfassendes und geteiltes Gesamtbild.

Die Fakten werden den Aspekten unter Berücksichtigung ihrer Rollen in den Prozessen der Einführung *(Introduction)* und Realisierung *(Realization)* von Produktinnovation zugeordnet.

Diese Zuordnung kann visuell in den Feldern des Canvas erfolgen oder abstrakter in Datenstrukturen, die unterschiedlich visuell repräsentiert werden können.

Eine geteilte Sicht auf die Fakten ist Grundlage für gemeinsames Commitment und abgestimmtes Handeln.

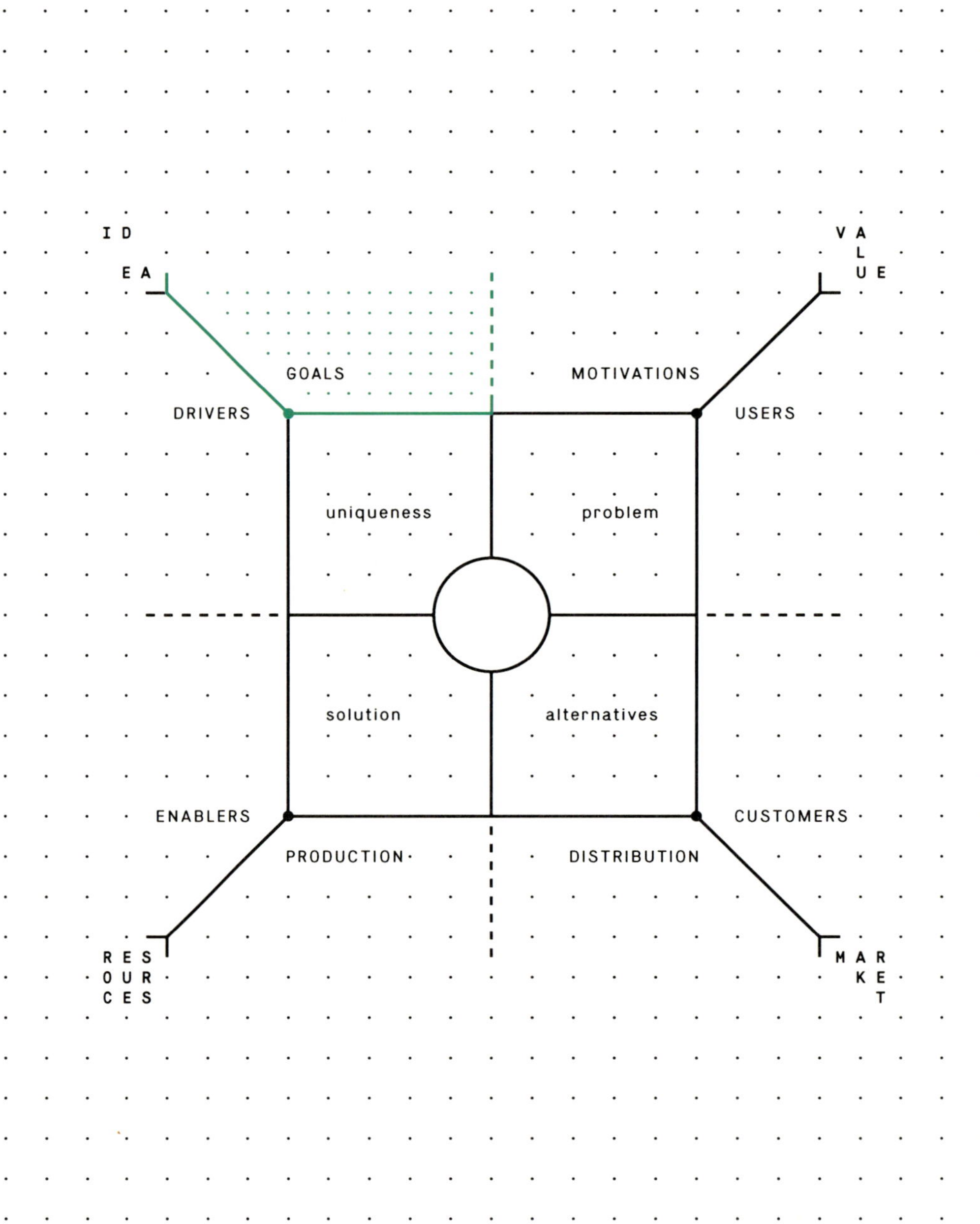
IDEA
VALUE
GOALS
MOTIVATIONS
DRIVERS
USERS
uniqueness
problem
solution
alternatives
ENABLERS
CUSTOMERS
PRODUCTION
DISTRIBUTION
RESOURCES
MARKET

⊙ GOALS

Goals (Ziele) beschreiben, was die *Drivers* (Treiber) einer Produktinnovation erreichen wollen. Sie sind die strategischen oder geschäftlichen Zielsetzungen hinter allen Innovationsbemühungen. Diese explizit zu machen, bietet strategische Orientierung, macht Wirkbeiträge für Stakeholder verifizierbar und hilft, potenzielle Zielkonflikte zu erkennen.

Denken Sie an

- ☐ Wachstum
- ☐ Absicherung
- ☐ Reputation
- ☐ Wandel
- ☐ Nachhaltigkeit
- ☐ ...

Leitfragen

- ➔ Warum will die Organisation in eine Produktinnovation investieren?
- ➔ Was bewegt die Menschen, die eine Produktinnovation vorantreiben?
- ➔ Was soll erreicht werden?

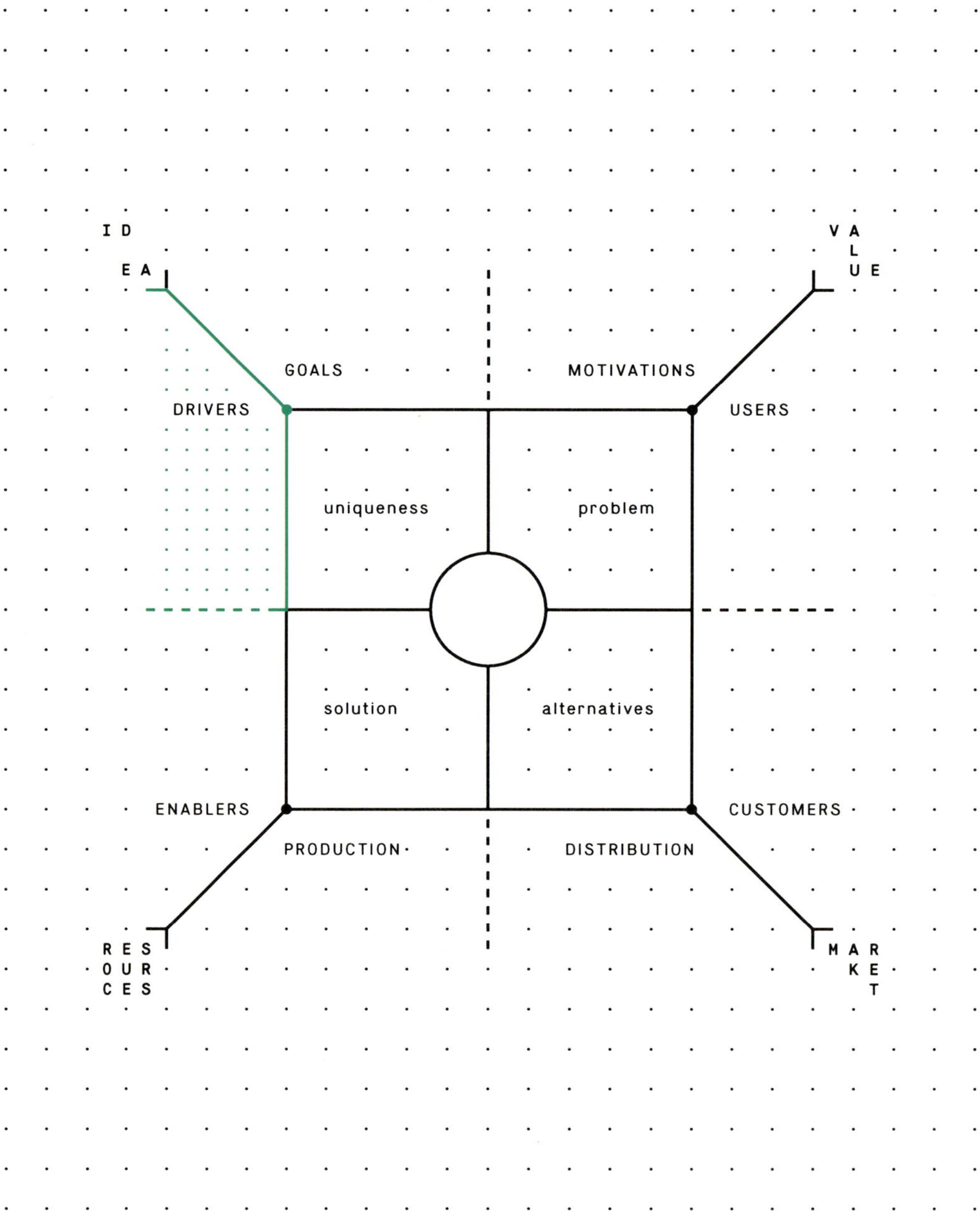
I D
E A
V A
L
U E
GOALS
MOTIVATIONS
DRIVERS
USERS
uniqueness
problem
solution
alternatives
ENABLERS
CUSTOMERS
PRODUCTION
DISTRIBUTION
R E S
O U R
C E S
M A R
K E
T

DRIVERS

Drivers (Treiber) sind die Menschen oder Teams, die für das Ergebnis einer Produktinnovation verantwortlich sind. Ihnen obliegt die Steuerung und Gestaltung des Innovationsprozesses im Sinne der strategischen Ziele der Organisation. Damit das gelingen kann, brauchen sie bestimmte Kompetenzen und Qualitäten. Diese zu beschreiben, hilft, Entscheidungsprozesse zu klären und potenzielle Führungsdefizite zu erkennen.

Denken Sie an

- ☐ Persönlichkeiten
- ☐ Kompetenzen
- ☐ Eigenschaften
- ☐ Rollen
- ☐ Befugnisse
- ☐ …

Leitfragen

- Wer sind die Menschen oder Teams, die die Produktinnovation vorantreiben?
- Welche Qualitäten besitzen sie und welche sind erforderlich, um die strategischen Ziele erfolgreich zu verfolgen?
- Gibt es einen Mangel an Kompetenz, Entscheidungsbefugnis oder Führung?

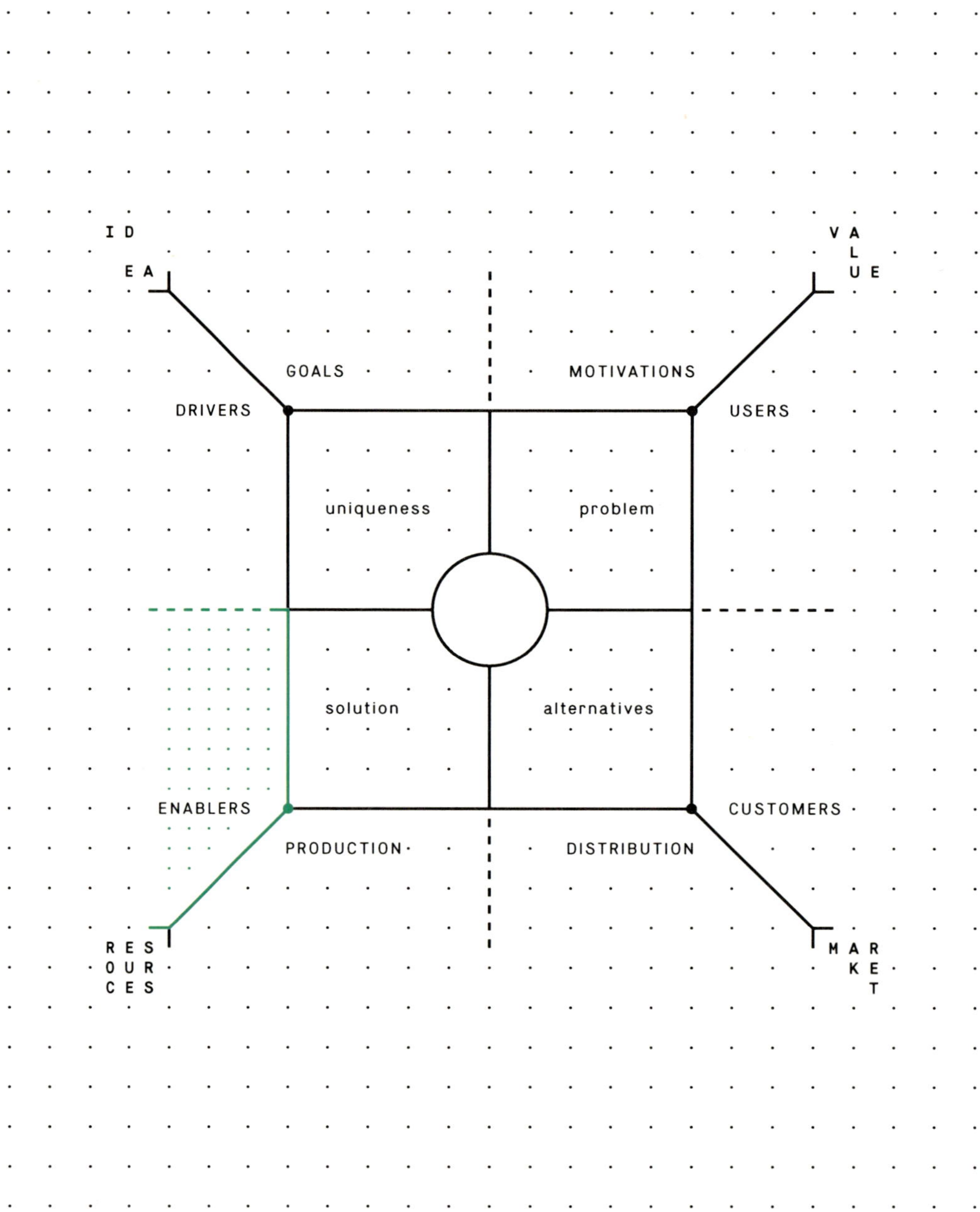
IDEA
VALUE
GOALS
MOTIVATIONS
DRIVERS
USERS
uniqueness
problem
solution
alternatives
ENABLERS
CUSTOMERS
PRODUCTION
DISTRIBUTION
RESOURCES
MARKET

ENABLERS

Enablers (Befähiger) sind die Ressourcen und Assets, die eine Produktinnovation überhaupt erst ermöglichen. Ihre Verfügbarkeit ist entscheidend für den Innovationserfolg. Die Beschreibung verfügbarer und fehlender Befähiger hilft, Risiken und Potenziale der Innovation zu identifizieren und die allgemeine Innovationsfähigkeit einer Organisation zu bestimmen.

Denken Sie an

- ☐ Fachwissen
- ☐ Technologie
- ☐ Infrastruktur
- ☐ Kapital
- ☐ Rechte
- ☐ …

Leitfragen

- Welche Ressourcen und Kompetenzen sind erforderlich, um das Produkt zu entwickeln?
- Welche Ressourcen und Kompetenzen stehen zur Verfügung?
- Welche Ressourcen und Kompetenzen fehlen?
- Stecken Chancen in Assets oder Technologien aus anderen Kontexten?

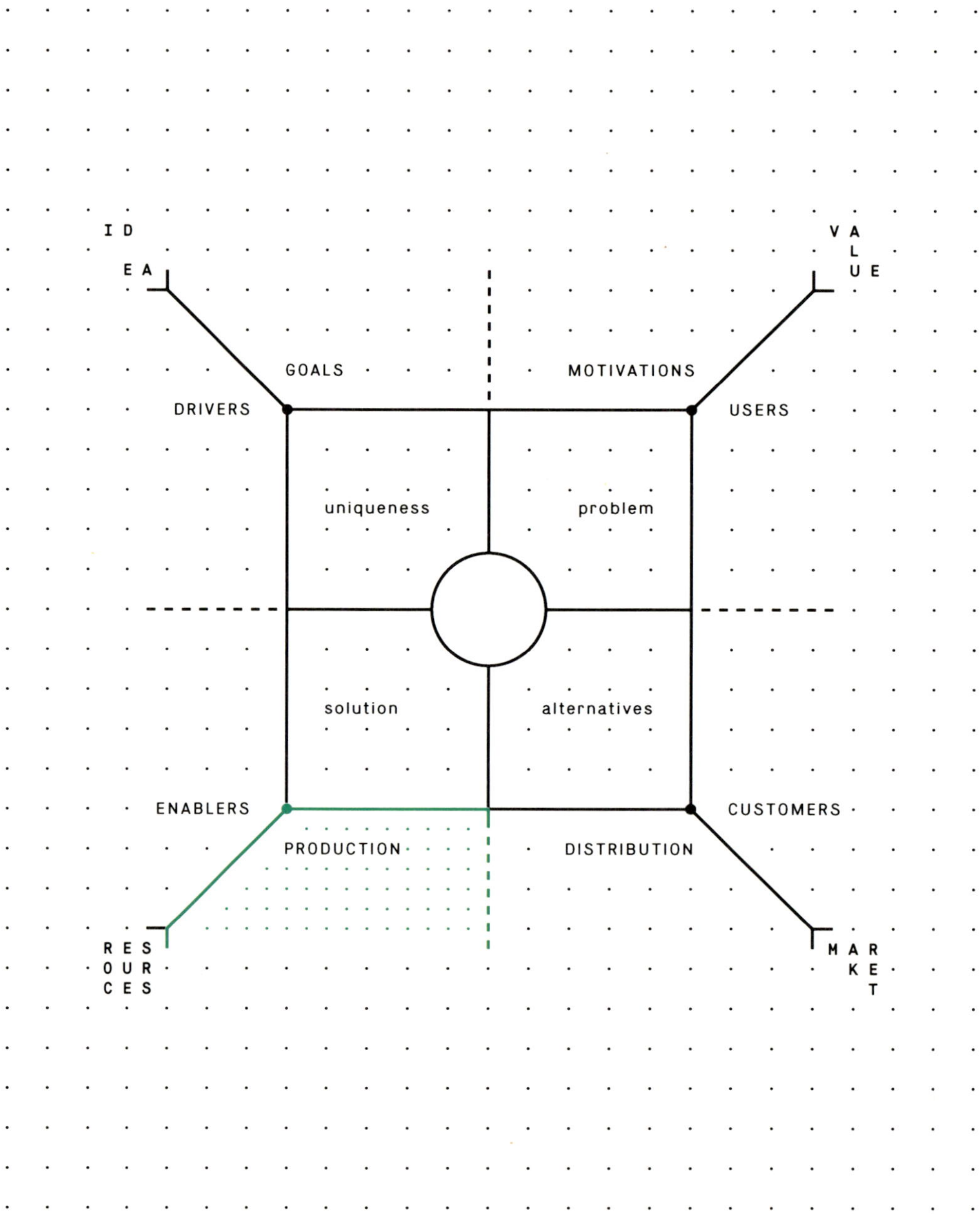
IDEA
VALUE
GOALS
MOTIVATIONS
DRIVERS
USERS
uniqueness
problem
solution
alternatives
ENABLERS
CUSTOMERS
PRODUCTION
DISTRIBUTION
RESOURCES
MARKET

PRODUCTION

Production (Produktion) beschreibt, wie die *Solution* (Lösung) hergestellt wird. Produktionsaktivitäten können physisch oder virtuell sein, manuell oder automatisiert, individuell oder industriell. Sie zu beschreiben, ist wichtig, um zu verstehen, welche Mittel, Fähigkeiten und Voraussetzungen für Herstellung und den Betrieb erforderlich sind und wie ihre Kostenstruktur beschaffen ist.

Denken Sie an

- [ ] Aktivitäten
- [ ] Fachwissen
- [ ] Prozess
- [ ] Anlagen
- [ ] Material
- [ ] ...

Leitfragen

- Welche Aktivitäten sind für die Entstehung der Lösung erforderlich?
- Welche Produktionskapazitäten stehen zur Verfügung?
- Sind diese geeignet, um die Lösung zu entwickeln?
- Welche Fähigkeiten, Prozesse und Partner werden gebraucht?

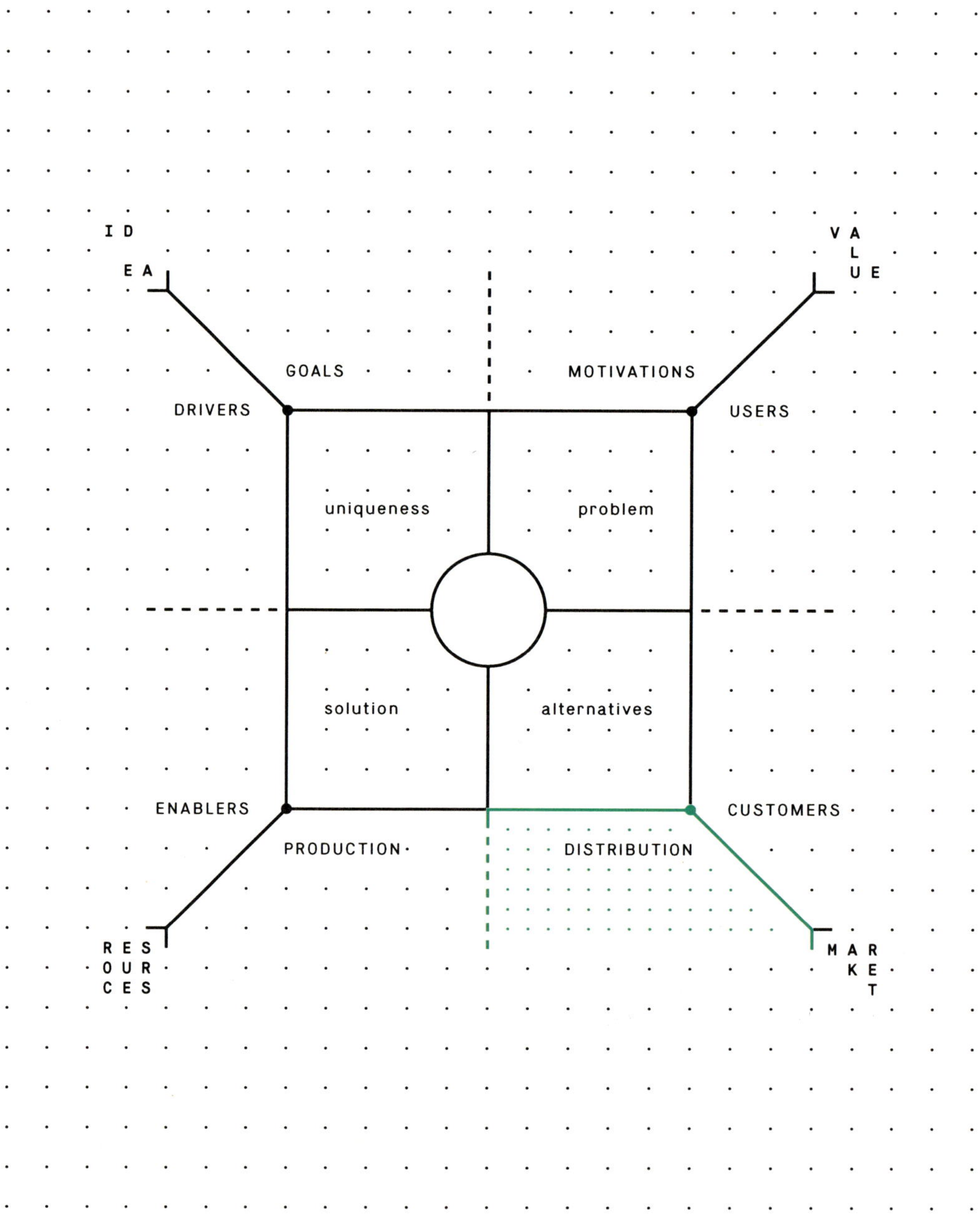

IDEA
VALUE
GOALS
MOTIVATIONS
DRIVERS
USERS
uniqueness
problem
solution
alternatives
ENABLERS
CUSTOMERS
PRODUCTION
DISTRIBUTION
RESOURCES
MARKET

↗ DISTRIBUTION

Distribution bringt das Produkt zum Kunden. Das umfasst die Vermarktung des Produkts genauso wie Kundenakquise und Produktlogistik. Die Beschreibung der Distribution gibt Orientierung für die Go-to-Market-Strategie und die Ermittlung der Kundenakquisitionskosten. Sie ist der Schlüssel für Wachstum und Return on Investment.

Denken Sie an

- ☐ Marketing
- ☐ Verkauf
- ☐ Logistik
- ☐ Kanäle
- ☐ Technologie
- ☐ ...

Leitfragen

- ➔ Welche Kanäle, Technologien und Partner können Sie nutzen, um das
- ➔ Produkt in die Köpfe und Hände der Nutzer und Kunden zu bringen?
- ➔ Was ist notwendig, um Nutzer oder Interessenten zu Kunden zu machen?

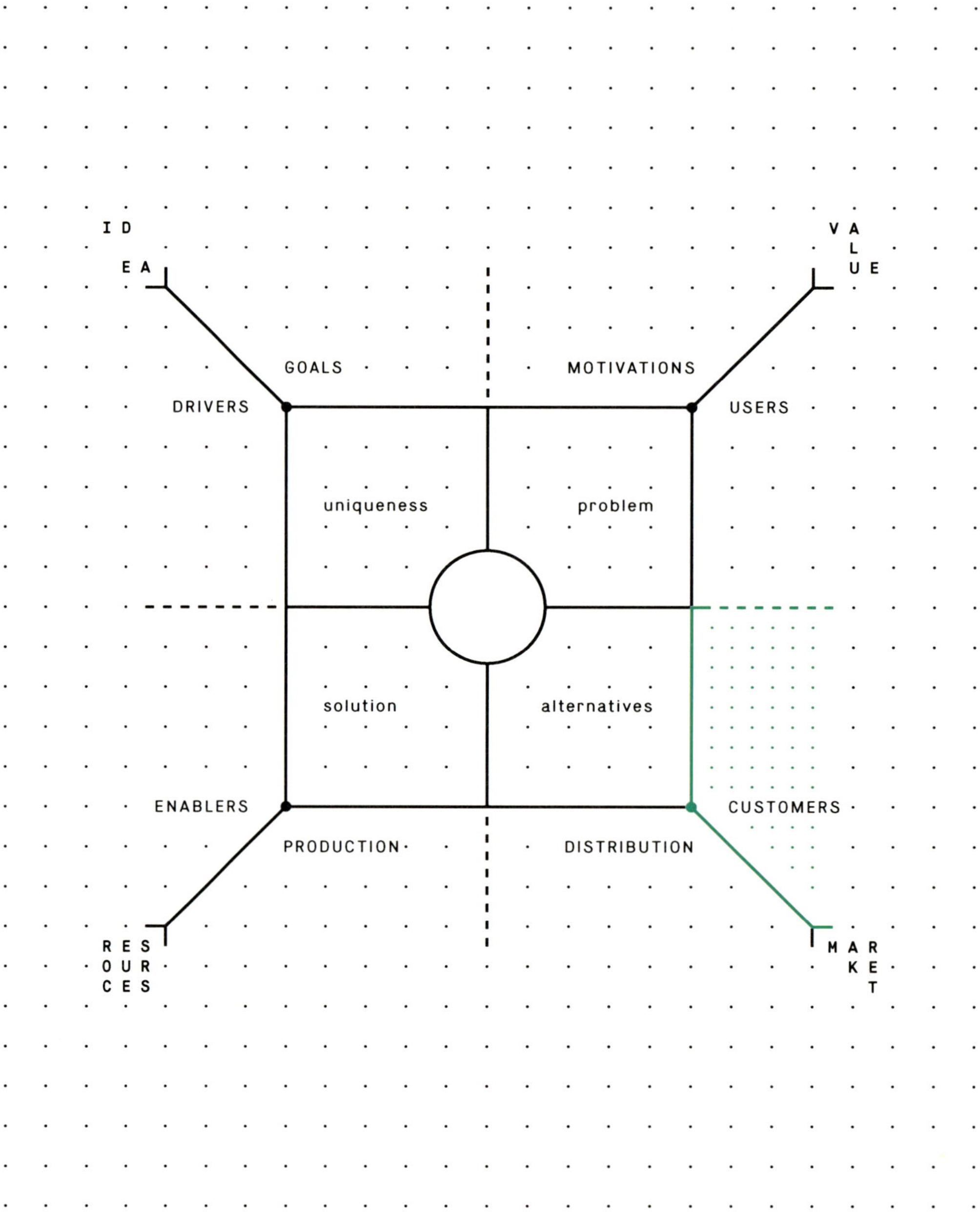

I D
E A
V A
L
U E
GOALS
MOTIVATIONS
DRIVERS
USERS
uniqueness
problem
solution
alternatives
ENABLERS
CUSTOMERS
PRODUCTION
DISTRIBUTION
R E S
O U R
C E S
M A R
K E
T

⁰⁄⁄ CUSTOMERS

Customers (Kunden) sind Menschen oder Organisationen, die von der Produktnutzung profitieren und dafur zahlen. Sie können Nutzer des Produkts sein, müssen aber nicht. Sie zu beschreiben, hilft zu verstehen, wie sie Kaufentscheidungen treffen, wo und wann sie erreicht werden können und wie groß das Umsatzpotenzial des Produkts ist.

Denken Sie an

- [ ] Rollen
- [ ] Industriezweige
- [ ] Berufe
- [ ] Unternehmensgrößen
- [ ] Adressierbarkeit
- [ ] ...

Leitfragen

- ➔ Wer sind die Menschen oder Organisationen, die tatsächlich fü das Produkt bezahlen?
- ➔ Warum bezahlen sie für das Produkt? Wie treffen sie Kaufentscheidungen?

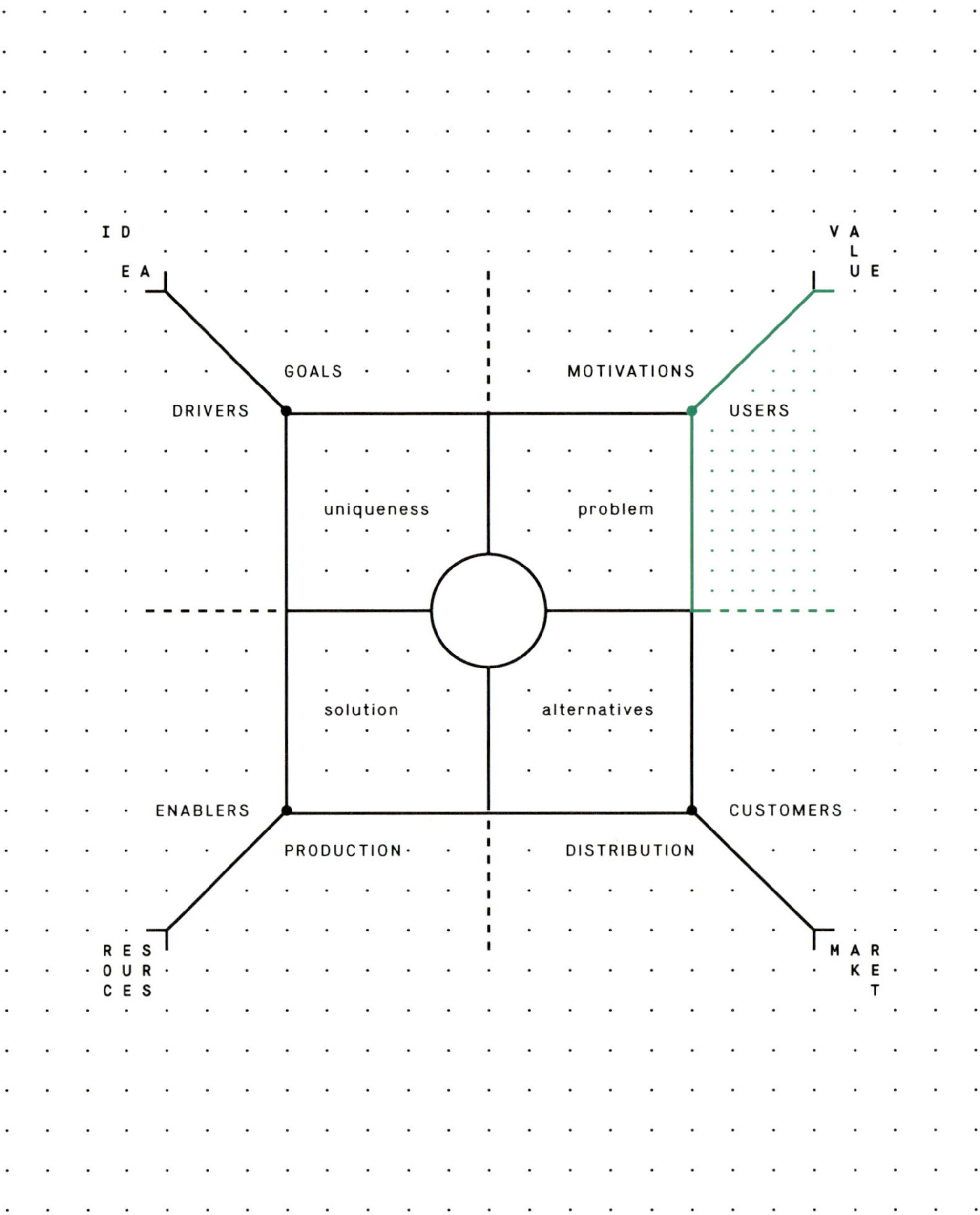
IDEA
VALUE
GOALS
MOTIVATIONS
DRIVERS
USERS
uniqueness
problem
solution
alternatives
ENABLERS
CUSTOMERS
PRODUCTION
DISTRIBUTION
RESOURCES
MARKET

USERS

Users (Nutzer) sind Menschen, die ein Produkt annehmen und verwenden, um ein bestimmtes Problem zu überwinden, das ihren *Motivations* (Motivationen) im Wege steht. Zu beschreiben, wer sie sind und wie sie sich von anderen Menschen unterscheiden, ist wichtig, um ihre Motivationen und Probleme zu verstehen, zwischen verschiedenen Gruppen und deren Perspektiven unterscheiden zu können, und zu klären, wie sie am besten zu behandeln sind.

Denken Sie an

- [ ] Identitäten
- [ ] Beziehungen
- [ ] Handlungen
- [ ] Expertisen
- [ ] Interessen
- [ ] ...

Leitfragen

- Wer sind die Menschen, die das Produkt benutzen werden?
- Wie verhalten sie sich? Was sind ihre Eigenschaften?
- Was macht sie besonders im Vergleich zu anderen?

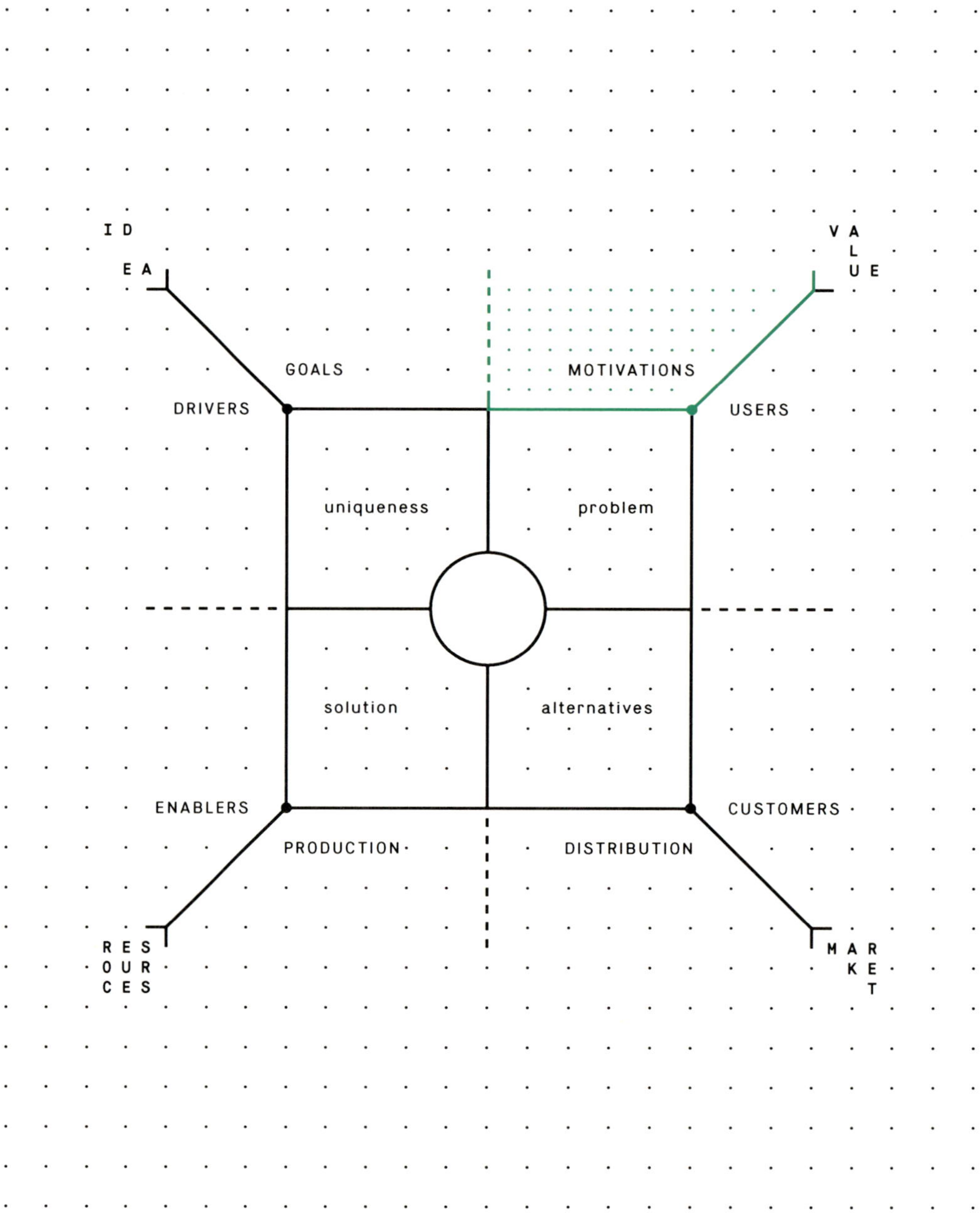
I D
E A
V A
L
U E
GOALS
MOTIVATIONS
DRIVERS
USERS
uniqueness
problem
solution
alternatives
ENABLERS
CUSTOMERS
PRODUCTION
DISTRIBUTION
R E S
O U R
C E S
M A R
K E
T

MOTIVATIONS

Motivations (Motivationen) beschreiben, was die Nutzer einer Produktinnovation erreichen wollen. Sie sind die Bedürfnisse, die die Innovation adressiert. Ihre explizite Beschreibung hilft, den Nutzer der Produktinnovation zu verstehen, bietet eine konzeptionelle Leitlinie für Design und Entwicklung und ermöglicht, die Wirkung der Innovation auf die Nutzer nachzuvollziehen.

Denken Sie an

- ☐ Vergnügen
- ☐ Produktivität
- ☐ Sicherheit
- ☐ Respekt
- ☐ Wohlstand
- ☐ ...

Leitfragen

- Was wollen die Nutzer erreichen?
- Welchen Gewinn versprechen sie sich?
- Welche Schmerzen erleiden sie?
- Welchen Effekt sollte die Innovation auf sie haben?

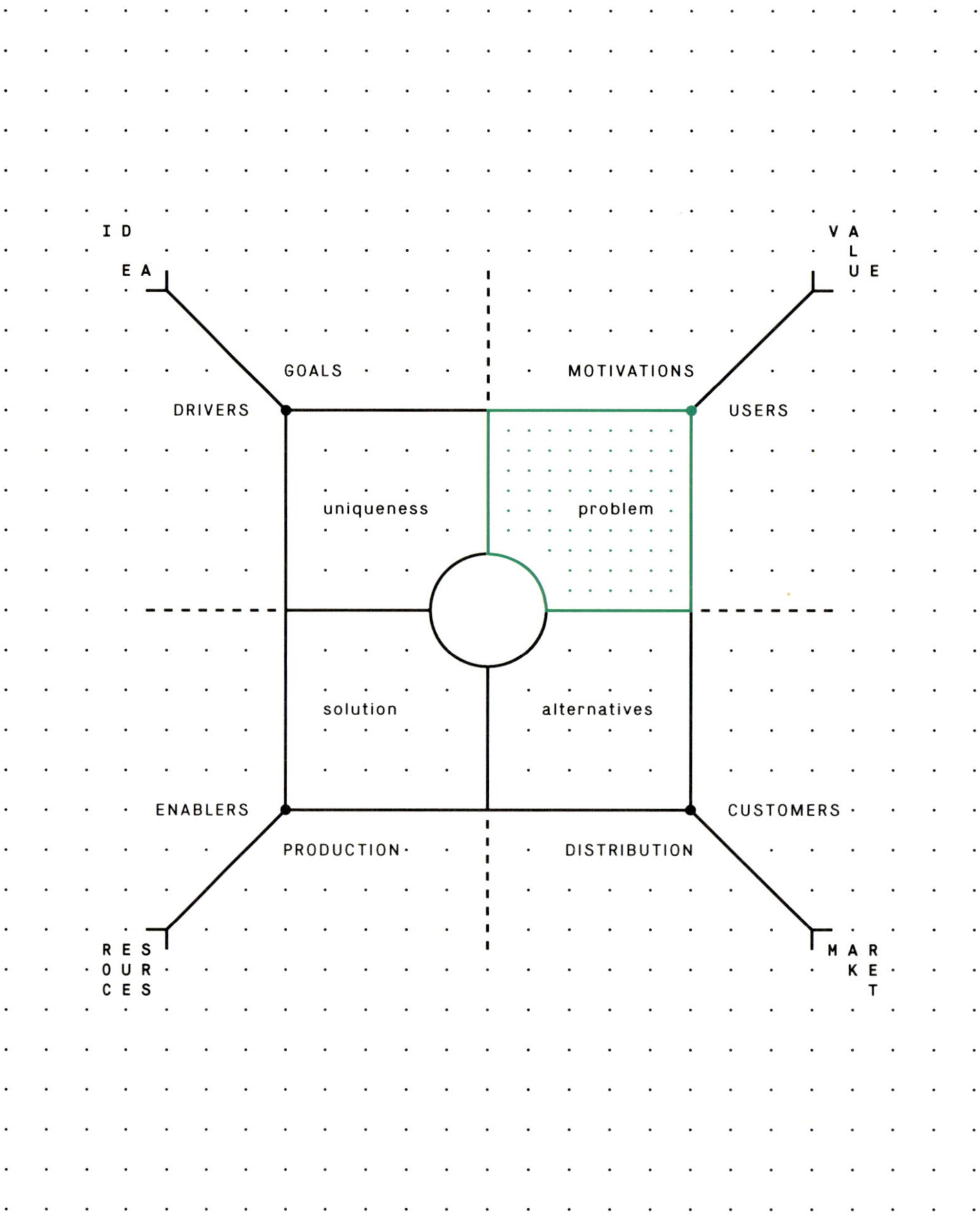
ID
EA
VA
L
UE
GOALS
MOTIVATIONS
DRIVERS
USERS
uniqueness
problem
solution
alternatives
ENABLERS
CUSTOMERS
PRODUCTION
DISTRIBUTION
RES
OUR
CES
MAR
KE
T

⃠ problem

Das *Problem* erschwert es Nutzern, ein Ziel aufgrund einer bestimmten Motivation zu verfolgen; es hält sie von der Erfüllung ihrer Bedürfnisse ab. Die Lösung eines echten Problems ist die *Raison d'Être* jeder Produktinnovation. Eine detaillierte Beschreibung des Problems dient als Anforderungsliste für die Lösung.

Denken Sie an

- ☐ Ängste
- ☐ Schmerzen
- ☐ Defizite
- ☐ Kosten
- ☐ Hindernisse
- ☐ ...

Leitfragen

- Welchen Problemen begegnen potenzielle Nutzer, wenn sie ihrer Motivation folgen?
- Welches dieser Probleme lohnt sich zu lösen?
- Wie schmerzlich ist das Problem für Produktinteressierte?

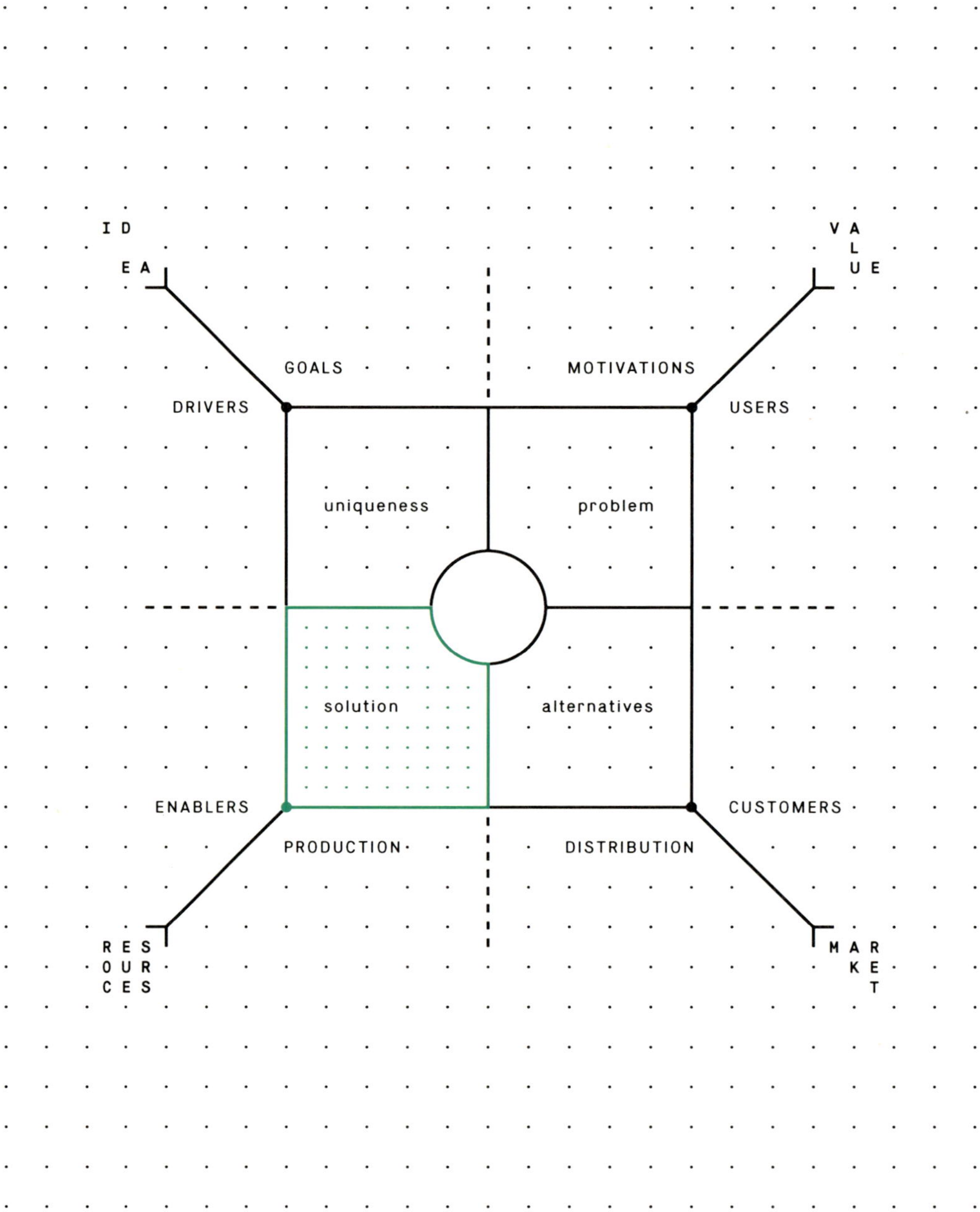

ID
EA
VA
L
UE
GOALS
MOTIVATIONS
DRIVERS
USERS
uniqueness
problem
solution
alternatives
ENABLERS
CUSTOMERS
PRODUCTION
DISTRIBUTION
RES
OUR
CES
MAR
KE
T

solution

Mit der *Solution* (Lösung) nimmt das Produkt das Problem der *Nutzer* in Angriff. Sie entfernt Hindernisse, lindert Schmerzen oder eröffnet neue Möglichkeiten. Eine Lösung kann vieles sein – ein Service, ein physisches Produkt oder ein vermarktbarer Prozess. Sie im Detail zu beschreiben, ist notwendig, um eine erste klare Vorstellung vom Produkt zu bekommen und ein Gefühl für die benötigten Ressourcen für die Herstellung zu entwickeln.

Denken Sie an

- ☐ Services
- ☐ Hardware
- ☐ Software
- ☐ Rechte
- ☐ Prozesse
- ☐ …

Leitfragen

- Wie wird das Problem gelöst?
- Welche Art von Produkt, Service oder Prozess stellt die Lösung dar?
- Was sind ihre Schlüsselkomponenten?

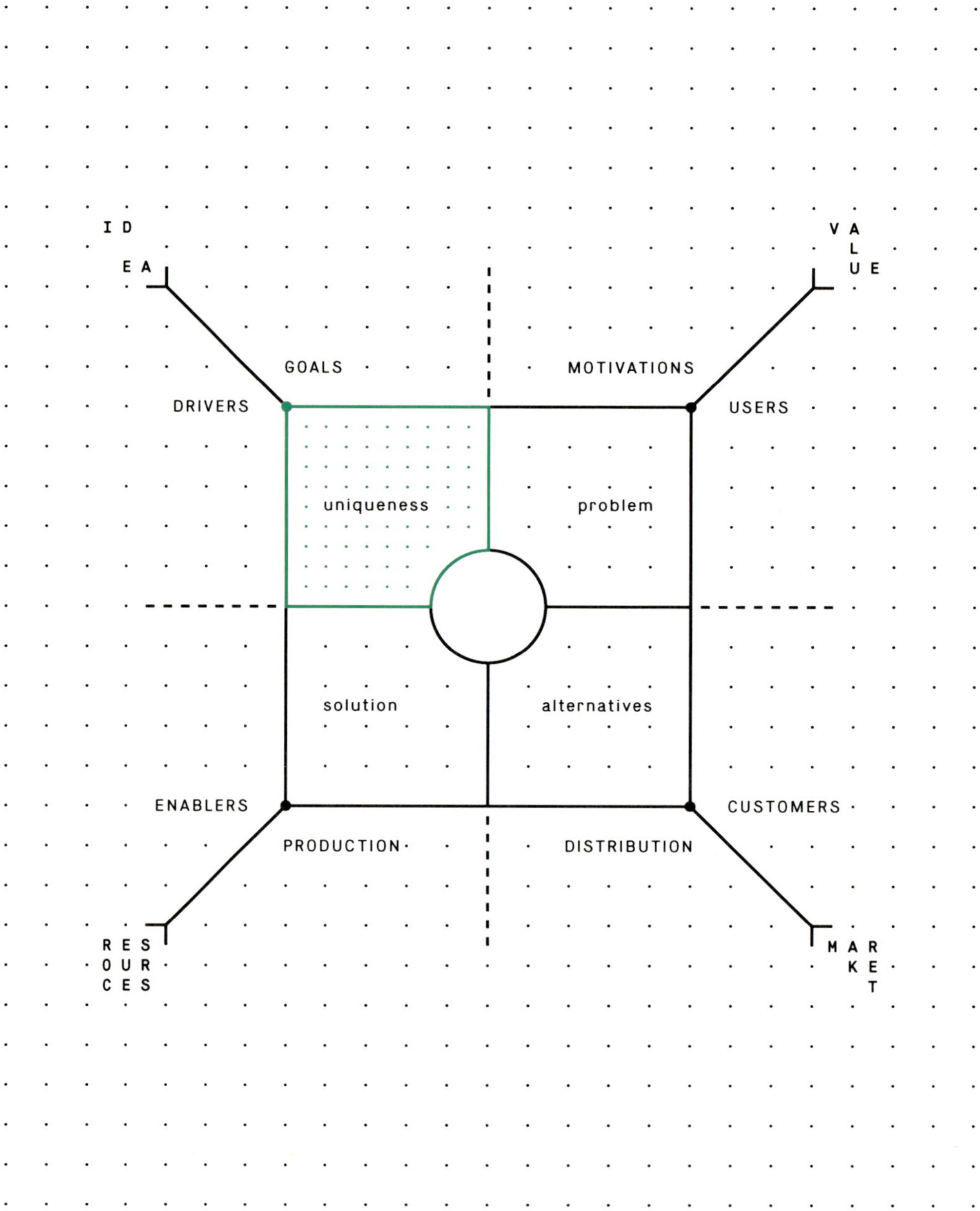
IDEA
VALUE
GOALS
MOTIVATIONS
DRIVERS
USERS
uniqueness
problem
solution
alternatives
ENABLERS
CUSTOMERS
PRODUCTION
DISTRIBUTION
RESOURCES
MARKET

uniqueness

Ihre *Uniqueness* (Einzigartigkeit) unterscheidet eine Produktinnovation von alternativen Lösungen. Eine klar erkennbare *Uniqueness* ermutigt Nutzer, mit ihren Gewohnheiten zu brechen und das Produkt einer bestehenden Alternative vorzuziehen. Die detaillierte Beschreibung der Einzigartigkeit gibt Aufschluss über die Kraft des Wertversprechens und die Erfolgsaussichten für eine weit verbreitete Aneignung und Nutzung des Produkts.

Denken Sie an

- [ ] Qualität
- [ ] Leistung
- [ ] Preis
- [ ] Image
- [ ] UX
- [ ] …

Leitfragen

- Was macht Ihr Produkt einzigartig und gegenüber anderen überlegen?
- Welche Eigenschaften oder besonderen Qualitäten werden künftige
- Benutzer zwingen, mit ihren Gewohnheiten zu brechen?

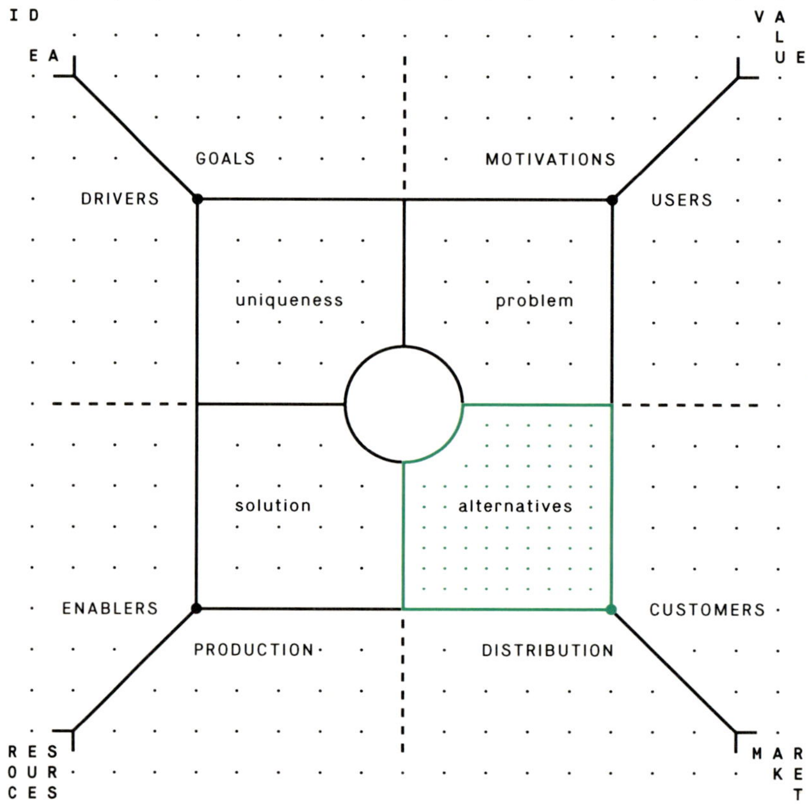
IDEA
VALUE
GOALS
MOTIVATIONS
DRIVERS
USERS
uniqueness
problem
solution
alternatives
ENABLERS
CUSTOMERS
PRODUCTION
DISTRIBUTION
RESOURCES
MARKET

⇋ alternatives

Alternatives (Alternativen) sind Lösungen oder Verhaltensweisen, die bereits verwendet werden, um das Problem zu lösen oder zu umgehen, das ein Produkt adressiert. Sie reichen von konkurrierenden Produkten und Dienstleistungen bis zur Bequemlichkeit der potenziellen Kunden. Alternativen sind der Benchmark für die Einzigartigkeit einer Innovation. Sich mit ihnen zu beschäftigen, hilft, einen realistischen Ausblick auf die erwartete *Adoption* des Produkts zu entwickeln.

Denken Sie an

- [ ] andere Produkte
- [ ] bestehende Workarounds
- [ ] Eigenbau-Lösungen
- [ ] Gewohnheiten
- [ ] schlichte Ignoranz
- [ ] ...

Leitfragen

- Was sind alternative Lösungen, die das Problem beseitigen oder lindern?
- Was unternehmen die Nutzer aktuell, um ihr Problem zu lösen?
- Wie gelingt es ihnen, das Problem zu ignorieren oder zu umgehen?

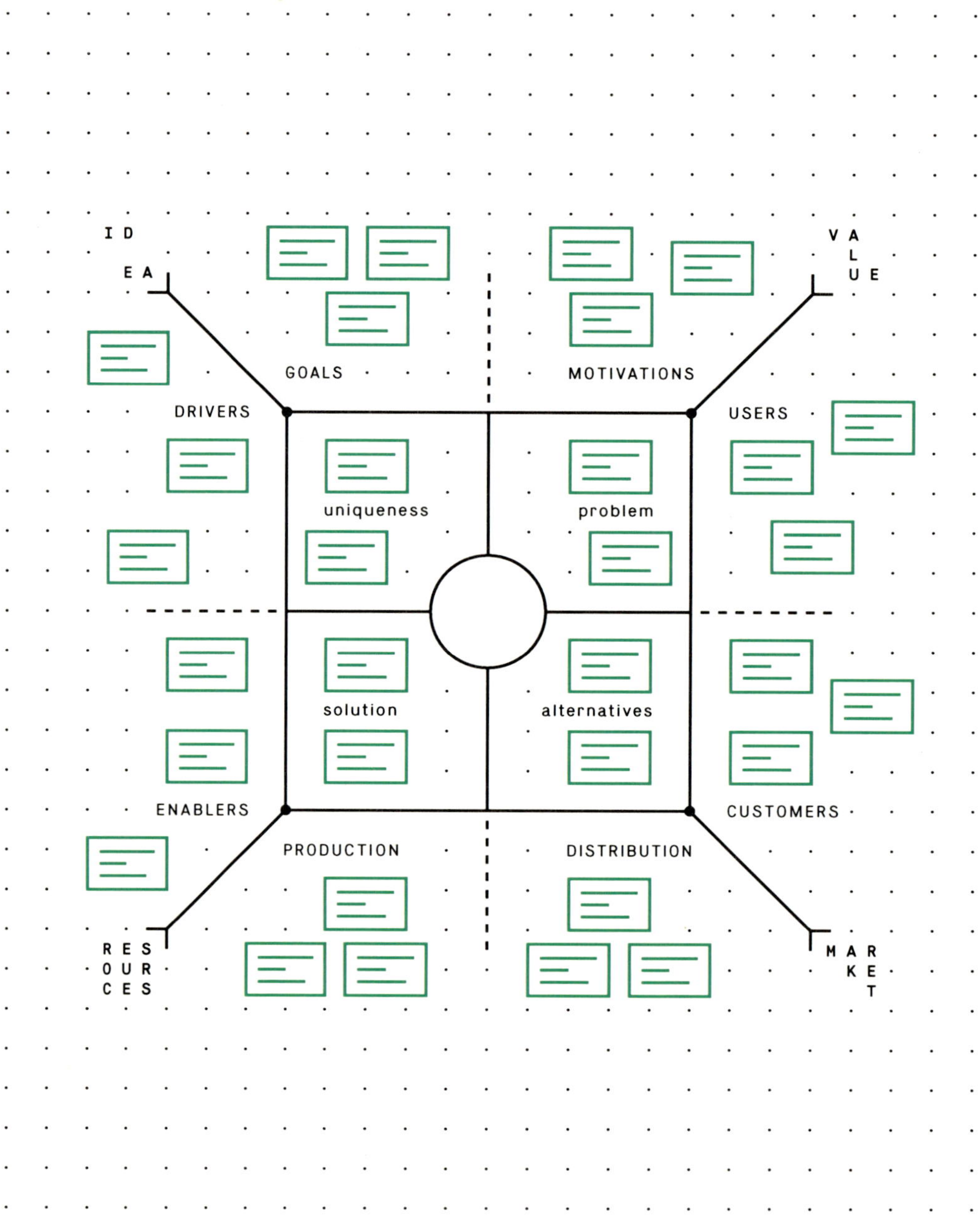
I D
E A
GOALS
MOTIVATIONS
V A
L
U E
DRIVERS
USERS
uniqueness
problem
solution
alternatives
ENABLERS
CUSTOMERS
PRODUCTION
DISTRIBUTION
R E S
O U R
C E S
M A R
K E
T

MAP – IN DER PRAXIS

Beim Sammeln von Informationen und Daten ist es sinnvoll, in einem ersten Schritt so viele Kenntnisse und Ideen wie möglich zusammenzutragen (divergente Phase), um im zweiten Schritt die weniger wichtigen Dinge sukzessive wieder zu entfernen (konvergente Phase). Nach der konvergenten Phase sollten 3–4 konsolidierte Fakten und Ideen pro Feld übrig bleiben. Versuchen Sie, diese gemäß ihren Beziehungen zueinander anzuordnen.

Gehen Sie den Canvas Feld für Feld durch und nutzen Sie die jeweiligen Leitfragen, um relevante Fakten und Ideen auf bunten, selbstklebenden Notizzetteln (z. B. *Post-it® Super Sticky Notes*) zu sammeln und diese im Product Field zu verorten. Machen Sie ihre Zuordnung zu unterschiedlichen Stakeholdern mit unterschiedlichen Farben sichtbar, z.B. bei einem Produkt, das von Einzelpersonen genutzt, aber von werbetreibenden Unternehmen bezahlt wird. Beteiligen Sie alle Teilnehmer an diesem Prozess.

Für das Mapping gibt es keine vorgeschriebene Reihenfolge:

- Wenn der *Context* festgelegt ist und Sie ein passendes Wertangebot suchen, dann beginnen Sie damit, den *Context* zu beschreiben, um dann einen möglichen *Core* zu erkunden.
- Wenn der *Core* feststeht und Sie einen passenden *Context* suchen, dann beginnen Sie damit, das Wertangebot zu beschreiben, um dann gemeinsam über einen geeigneten *Context* nachzudenken.
- Wenn *Core* und *Context* (mehr oder weniger) feststehen und Sie nach Schwächen oder Potenzialen suchen, dann beginnen Sie dort, wo es sich am natürlichsten anfühlt.

03 CHECK

Prüfung auf konzeptionelle Mängel

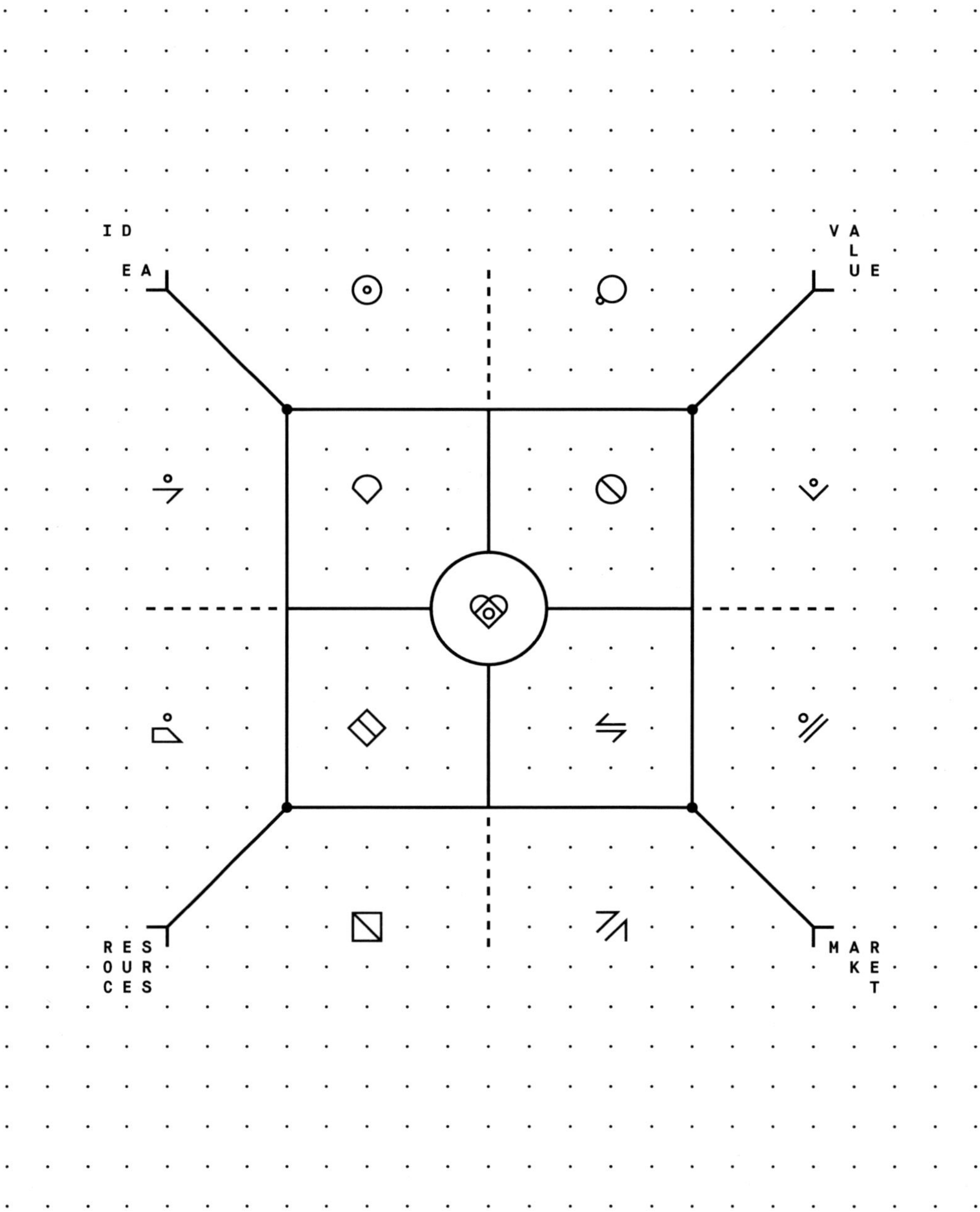

IDEA
VALUE
RESOURCES
MARKET

Das Product Field bietet eine formale Grammatik, um die Beziehungen zwischen den Komponenten spezifischer Systeme zu beschreiben und zu analysieren, die Konsistenz von Modellen zu prüfen, die sie repräsentieren, und die Praktikabilität konkreter Innovationen zu validieren.

RELATIONEN – Bei der Entwicklung und Einführung neuer Produkte interagieren Akteure, Strategien, Artefakte und Bedingungen. Die Grammatik des Product Field bildet Interaktionsmuster zwischen diesen Komponenten als Relationen zwischen Aspekten ab. Die Modellrelationen gelten als erfüllt, wenn die von ihnen repräsentierten Interaktionen erfolgreich sind.

VALIDIERUNG – Aus den Relationen lassen sich Mustersätze bilden, die verwandte Aspekte semantisch miteinander verknüpfen und die mit Beschreibungen der korrespondierenden Komponenten gefüllt werden. Für diese Beschreibungen können empirische Belege gesammelt werden, die die entstehende Aussage bestätigen.

Validieren und verbessern lässt sich damit ...

① die Konsistenz und Vollständigkeit des Modells einer Innovation: Wenn Beziehungen identifiziert werden, zu denen empirische Belege fehlen, können weitere Belege gesammelt, das Mapping erweitert und das Modell vervollständigt werden. Dies erhöht die Selbstwahrnehmung, das Verständnis und damit die Fähigkeit des Systems für selbstorganisiertes und abgestimmtes Handeln.

② die Kohärenz und damit die Praktikabilität der Innovation selbst: Wenn empirisch leere Beziehungen, das heißt erfolglose Interaktionen, Transitionen oder Verbindungen identifiziert werden, können die Ursachen analysiert, fehlende Komponenten dem System hinzugefügt und Lücken geschlossen werden. Dies verbessert die Innovation an sich.

Insbesondere kann so der Core/Context-Fit der Produktinnovation validiert und verbessert werden.

GOALS	leiten → / ← verfolgen	drivers	
DRIVERS	bauen auf → / ← unterstützen	enablers	
ENABLERS	ermöglichen → / ← nutzt	production	
PRODUCTION	versorgt → / ← übernimmt von	distribution	
DISTRIBUTION	erreicht → / ← erhalten	customers	
CUSTOMERS	autorisieren → / ← werden	users	
USERS	haben → / ← bewegen	motivations	
MOTIVATIONS	passen zu → / ← passen zu	goals	

RELATIONEN

Zwischen Context-Aspekten

Relationen zwischen *Context*-Aspekten repräsentieren entweder Interaktionen oder Übergänge: Einerseits interagieren Akteure, Strategien, Artefakte und Bedingungen miteinander, erzeugen Feedback-Schleifen, komplexe Interaktionsmuster und nichtlineares Systemverhalten.

Andererseits, und das wird auf dem Canvas visuell deutlich, sind die Abgrenzungen zwischen *Goals* und *Motivations, Users* und *Customers, Production* und *Distribution, Drivers* und *Enablers* unscharf: Manche Komponenten können wahlweise einem oder zwei Aspekten zugeordnet werden, oder sie können de facto zwischen ihnen wechseln, was die Dynamik des Systems erhöht.

	→	←	
GOALS	informieren	passt zu	uniqueness
DRIVERS	formen	leitet	uniqueness
ENABLERS	ermöglichen	braucht	solution
PRODUCTION	stellt her	benötigt	solution
DISTRIBUTION	umgeht	fordern heraus	alternatives
CUSTOMERS	ersetzen	beeinflussen	alternatives
USERS	überwinden	hindert	problem
MOTIVATIONS	stoßen auf	blockiert	problem

Zwischen Context- und Core-Aspekten

Relationen zwischen *Context*- und *Core*-Aspekten repräsentieren entweder direkte oder indirekte Interaktionen: Einerseits wirken Akteure, Strategien, Artefakte und Bedingungen direkt und kausal auf die Attribute des Wertangebots eines Produkts, indem sie sie z. B. gestalten, herstellen oder ersetzen.

Andererseits wirken abstrakte Entitäten und Produktattribute nur indirekt kausal durch vermittelnde, ausübende oder verkörpernde Akteure, Strategien, Artefakte und Bedingungen – z. B. wenn sie andere Entitäten prägen, beanspruchen oder beeinflussen.

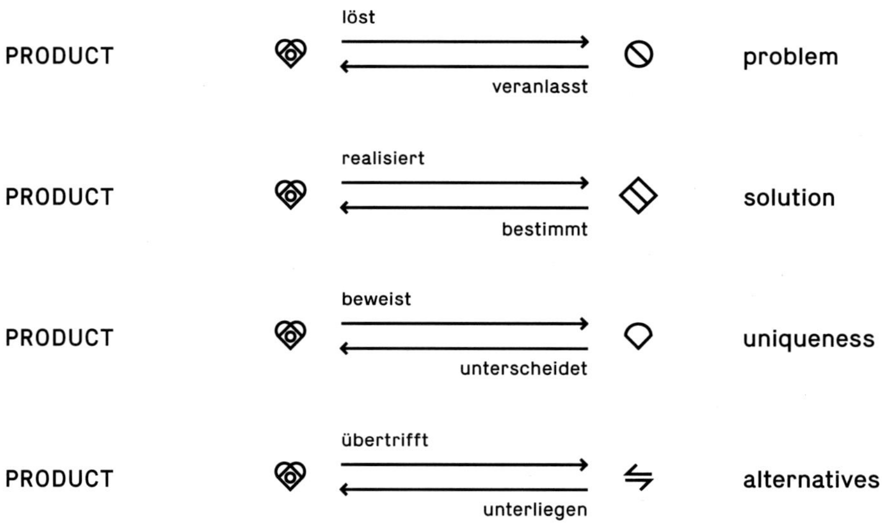
PRODUCT
löst
veranlasst
problem
PRODUCT
realisiert
bestimmt
solution
PRODUCT
beweist
unterscheidet
uniqueness
PRODUCT
übertrifft
unterliegen
alternatives

Zwischen Core- und Center-Aspekten

Die *Core*-Aspekte repräsentieren das Wertangebot des Produkts, welches selbst durch das *Center* des Product Field repräsentiert wird. Das bedeutet, dass die Relationen zwischen *Core*- und *Center*-Aspekten die Verkörperung des Wertangebots in einem Produkt explizieren.

Diese Verkörperung von abstrakten Entitäten und Attributen in einem Produkt erklärt, wie sie (indirekte) kausale Wirksamkeit gewinnen können.

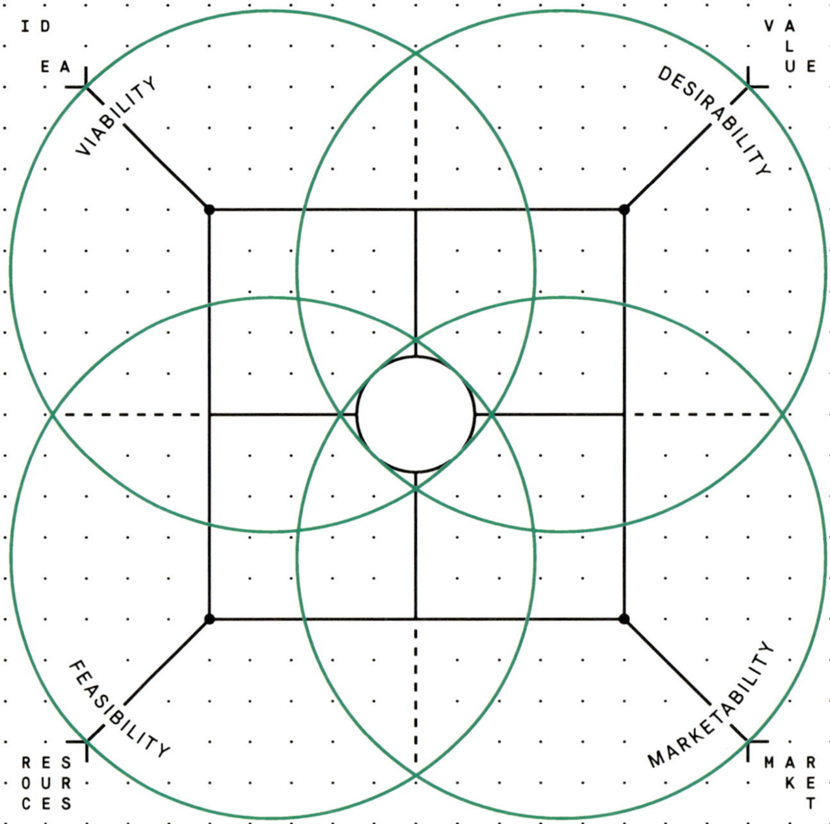
ID
EA
VIABILITY
VALUE
DESIRABILITY
FEASIBILITY
RESOURCES
MARKETABILITY
MARKET

VALIDIERUNG

Eine Produktinnovation ist erfolgreich, wenn ihre Mittel und Ziele die Verwirklichung des Wertversprechens in einem konkreten Produkt unterstützen und das Produkt erfolgreich bei Benutzern und Kunden eingeführt ist. Mit anderen Worten: Bei einer erfolgreichen Produktinnovation passen *Core* und *Context* gut zusammen.

Üblicherweise wird dieser *Core/Context* Fit in drei Qualitäten erfolgreicher Innovation erfasst: *Desirability* (User Value), *Viability* (Business Value) und *Feasibility* (praktische Machbarkeit). Da Product Thinking Nutzer und Kunden als potenziell unterschiedliche Stakeholder behandelt, differenziert das Product Field zusätzlich zwischen der *Desirability* aus Nutzersicht und der *Marketability* gegenüber Kunden.

Die resultierenden vier Qualitäten entsprechen den im Modell des Product Field beschriebenen vier Elementen von Produktinnovation.

Der *Core/Context Fit* wird mithilfe der Grammatik des Product Field validiert: Aus den im Modell beschriebenen Beziehungen werden vier Mustersätze gebildet, die jeweils vier Aspekte miteinander verbinden und eine oder mehrere Qualitäten bzw. Elementen erfassen. Diese Mustersätze werden mit den Beschreibungen der Akteure, Strategien, Artefakte oder Bedingungen vervollständigt, die den jeweiligen Aspekten entsprechen.

Wenn die resultierenden Aussagesätze sinnvoll sind, ist das Modell der Innovation konsistent. Wenn die Aussagen empirisch belegt werden können, ist die Innovation selbst kohärent – sie hat (partiellen) *Core/Context Fit*.

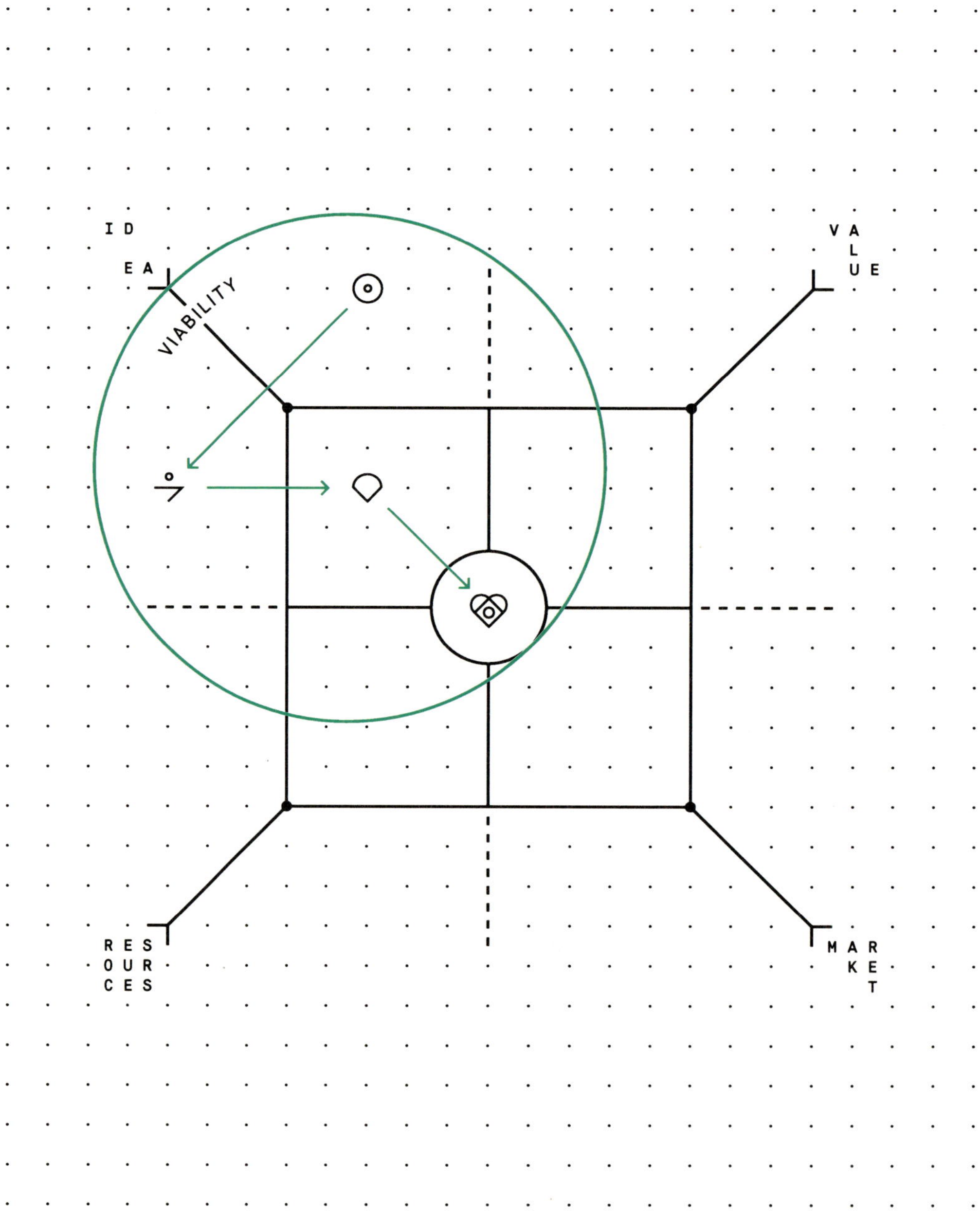
IDEA
VALUE
VIABILITY
RESOURCES
MARKET

VIABILITY

Eine Produktinnovation ist tragfähig (*viable*), wenn sie eine praxistaugliche Geschäftsidee ausdrückt: Wenn also das Produkt und seine *Uniqueness* den *Goals* der Organisation und ihrer *Drivers* gerecht werden.

Satzvorlage für die Überprüfung der Viability:

[Goals] leiten [Drivers], die [Uniqueness] zu formen, die das Produkt auszeichnet.

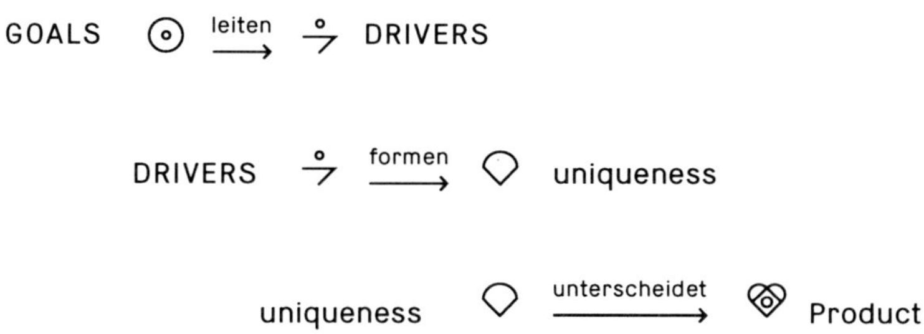

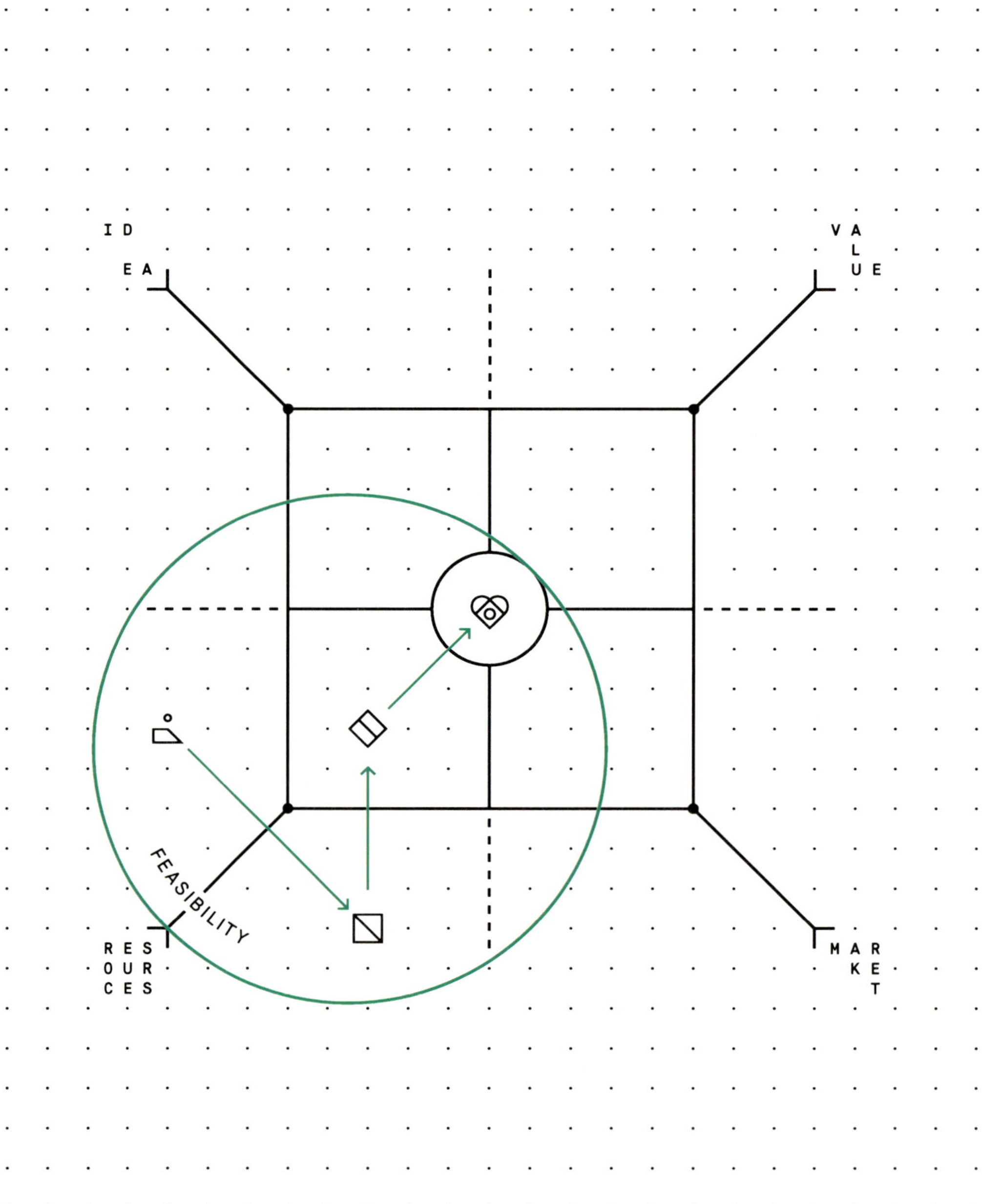
IDEA
VALUE
RESOURCES
MARKET
FEASIBILITY

FEASIBILITY

Eine Produktinnovation ist machbar (*feasible*), wenn sie mit den verfügbaren *Resources* realisiert werden kann: Wenn also die *Enablers* des Unternehmens die *Production* in die Lage versetzen, die im Produkt realisierte *Solution* herzustellen.

Satzvorlage für die Überprüfung der Feasibility:

[Enablers] befähigen [Production], die [Solution] herzustellen, die das Produkt realisiert.

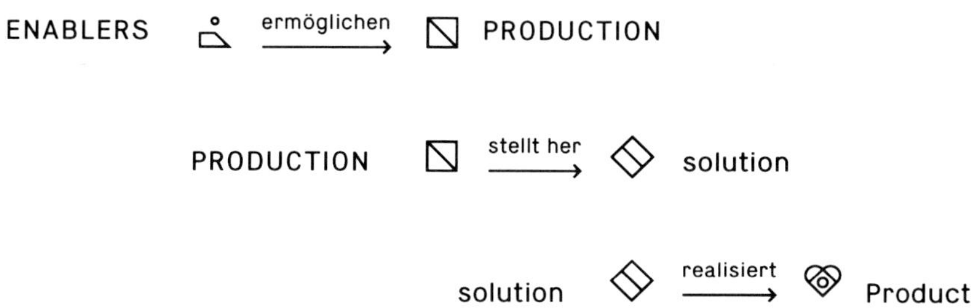

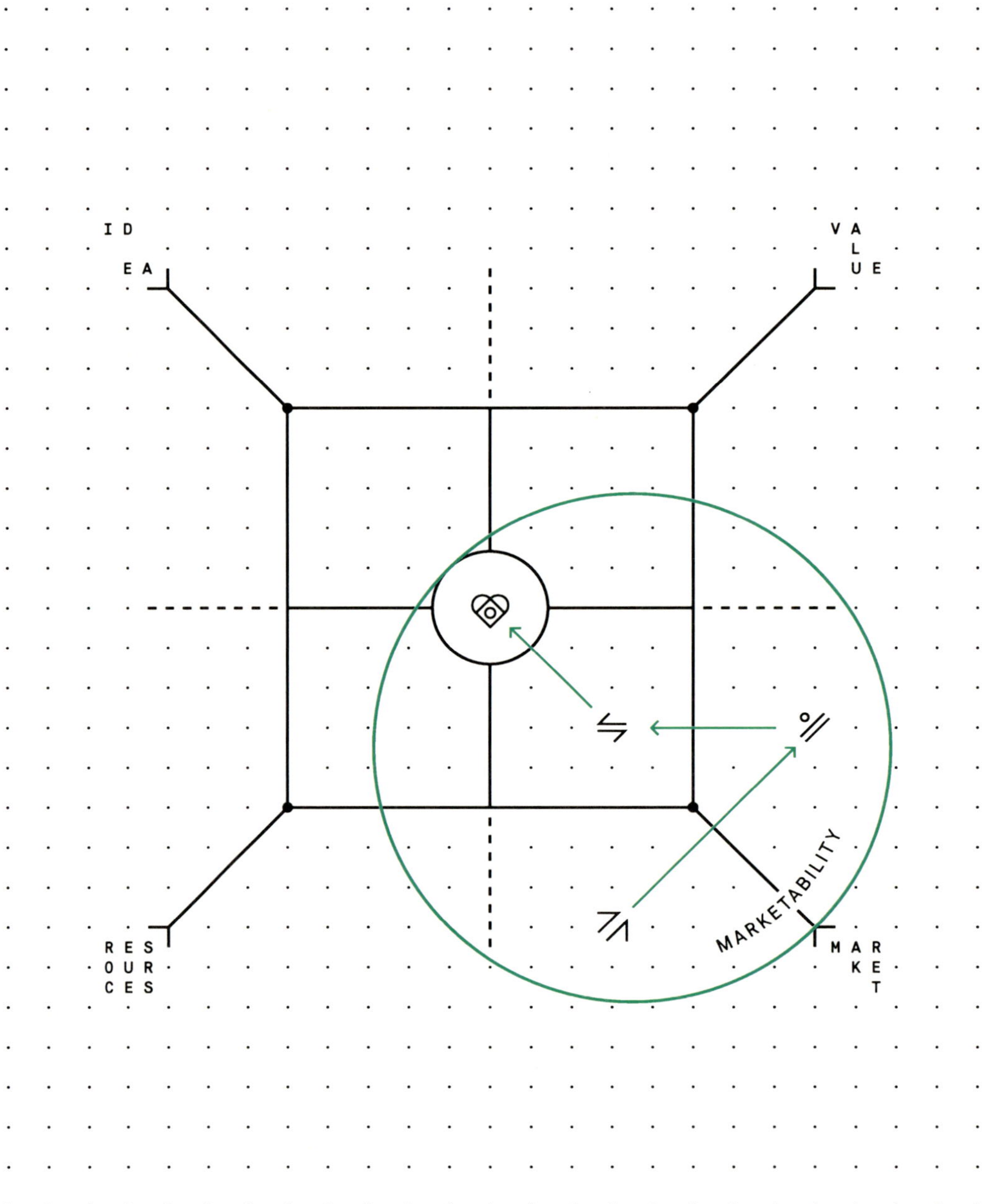
IDEA
VALUE
RESOURCES
MARKET
MARKETABILITY

MARKETABILITY

Eine Produktinnovation ist marktfähig (*marketable*), wenn es einen ausreichend großen adressierbaren *Market* gibt: Wenn also die *Distribution* der Organisation in der Lage ist, genügend *Customers* zu erreichen, die bereit sind, eine bestehende *Alternative* durch das neue Produkt zu ersetzen.

Satzvorlage für die Überprüfung der Marketability:

[Distribution] erreicht [Customers], die [Alternatives] durch das Produkt ersetzen.

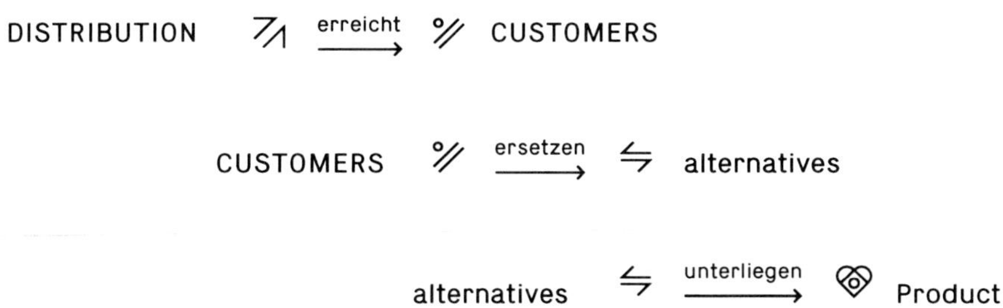

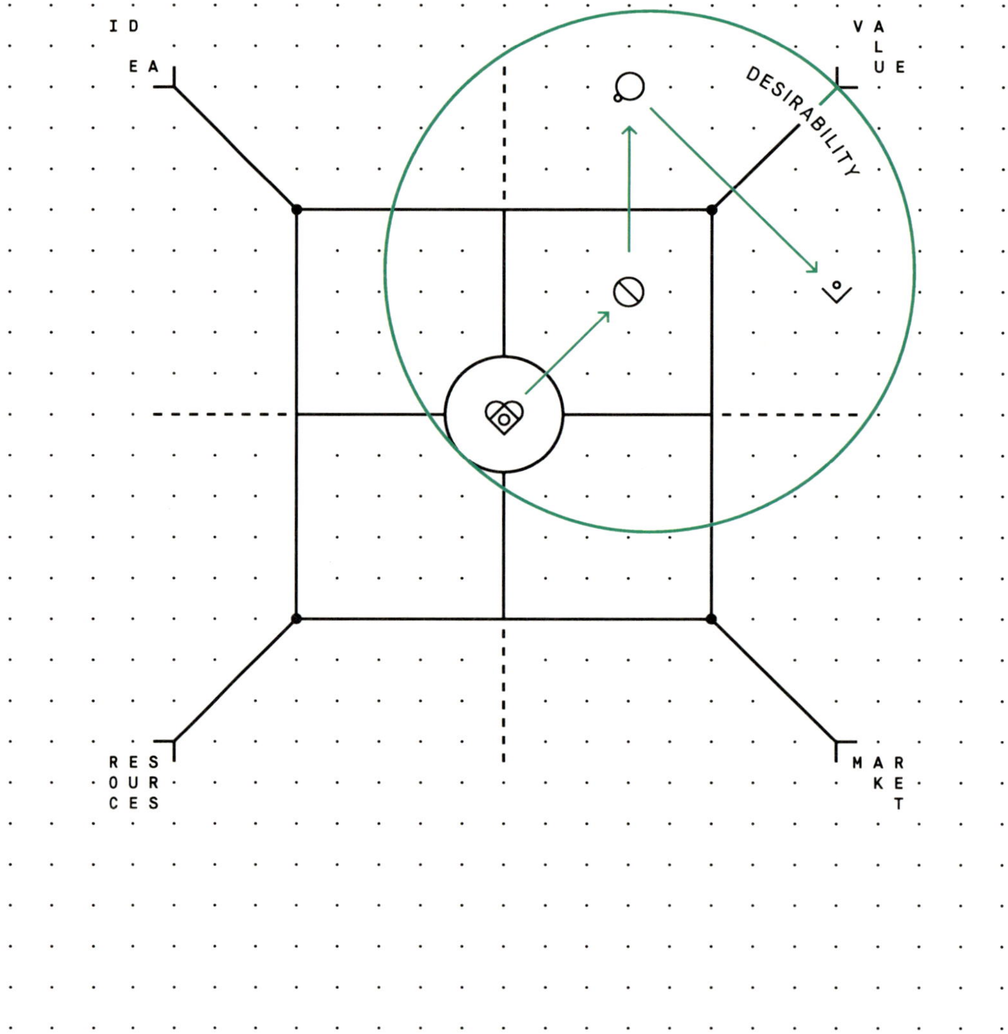

ID
EA
VA
L
UE
DESIRABILITY
RES
OUR
CES
MAR
KE
T

DESIRABILITY

Eine Produktinnovation ist wünschenswert (*desirable*), wenn sie einen wirklichen *Value* erzeugt: Wenn also das Produkt ein *Problem* löst, das *Users* bislang davon abgehalten hat, bestimmten *Motivations* nachzugehen.

Satzvorlage für die Überprüfung der Desirability:

Das Produkt löst [Problem], das zwischen den [Users] und deren [Motivations] steht.

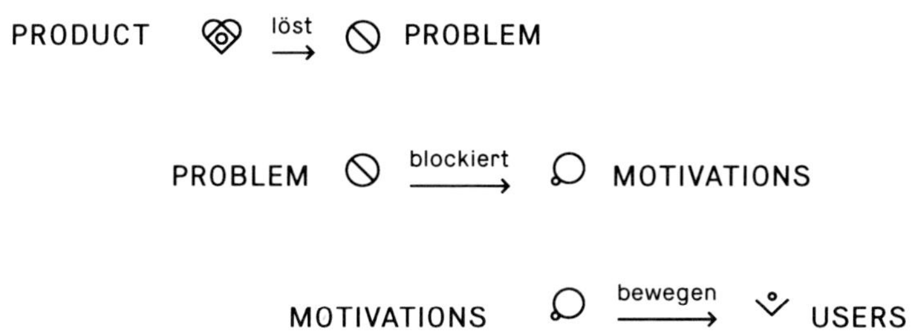

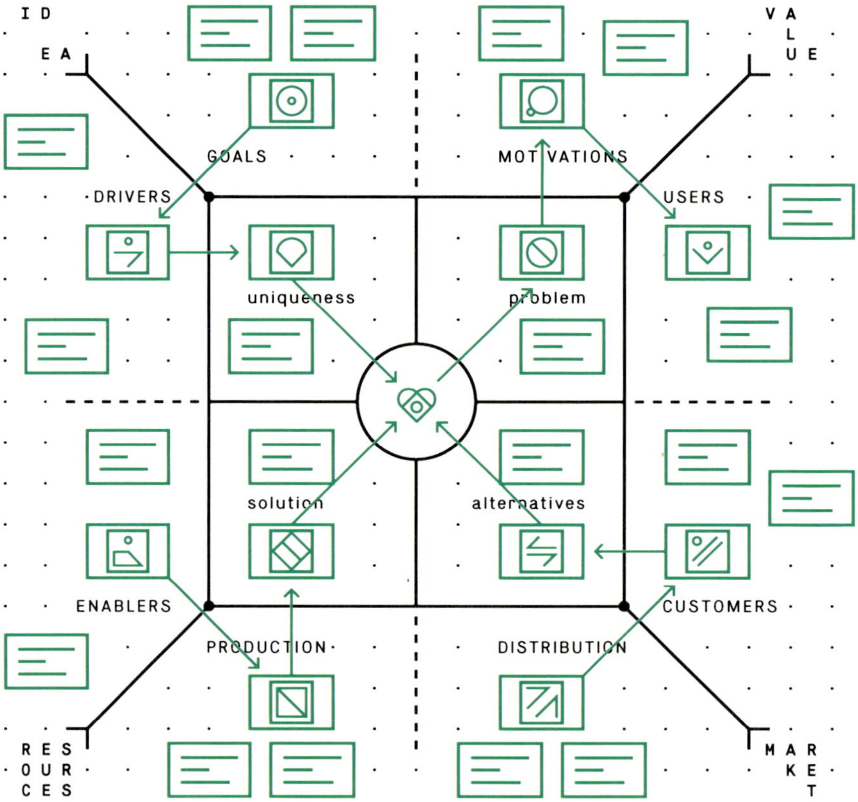
IDEA
VALUE
RESOURCES
MARKET
GOALS
MOTIVATIONS
DRIVERS
USERS
uniqueness
problem
solution
alternatives
ENABLERS
CUSTOMERS
PRODUCTION
DISTRIBUTION

CHECK – IN DER PRAXIS

Um das Modell einer konkreten Innovation zu validieren, benutzen Sie die Mustersätze und ersetzen Sie die Aspektbezeichnungen mit Fakten oder Ideen aus Ihrem Canvas. Fixieren Sie jeweils eines und suchen Sie nach anderen, um die Aussage zu vervollständigen.

Für jeden zu validierenden Fakt sollten Sie mindestens eine sinnvolle Aussage bilden können, und die insgesamt formulierten Aussagen sollten zumindest einen losen Bezug zueinander haben.

Wenn das nicht gelingt, könnte Folgendes passiert sein:

- Sie könnten wesentliche Fakten zu Ihrem Produkt übersehen haben. Kehren Sie zu den relevanten Feldern des Canvas zurück und versuchen Sie das Bild zu vervollständigen.
- Ihr Wertversprechen oder sein Kontext könnten inkohärent sein. Untersuchen Sie alle Aspekte und ihre Verbindungen auf Lücken oder Fehlanschlüsse, die in der Produktentwicklung adressiert werden müssen.
- Sie könnten zwei oder mehr unverbundene Wertversprechen in einem Produkt vermengt haben. Entwirren Sie sie in zwei oder mehr separaten Product Fields.

Für die Überarbeitung oder Vervollständigung Ihres Modells und für die Arbeit am Produkt selbst gibt es eine ganze Reihe von kollaborativen und empirischen Methoden, die Ihnen helfen, strukturiert Fakten zu sammeln, Ideen zu generieren, Annahmen zu validieren, Zusammenarbeit zu fördern und die Entscheidungsfindung zu unterstützen. Beispiele dafür sind Challenge Mapping, Customer Journeys, Jobs-to-be-done und User Interviews.

04 FIND

Stärken und Schwächen finden, Maßnahmen ergreifen

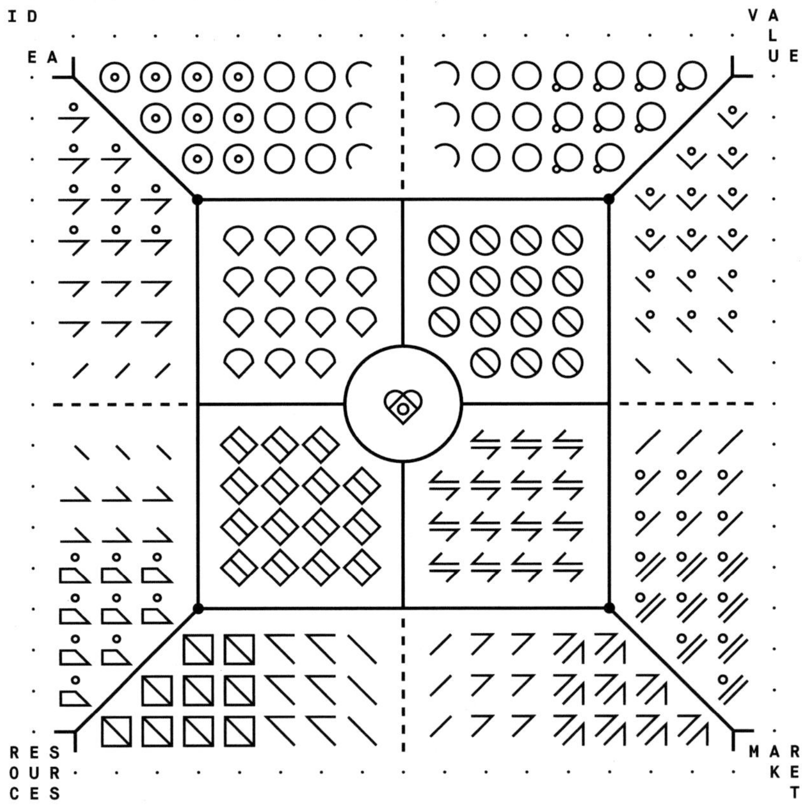
I D
E A
V A
L
U E
R E S
O U R
C E S
M A R
K E
T

Eine Produktinnovation ist dann erfolgreich, wenn alle Stakeholder bestmöglich von ihr profitieren. Für eine effektive Steuerung zu diesem Ziel braucht es Selbstorganisation basierend auf abgestimmten Interessen und geteilten mentalen Modellen.

Deshalb müssen alle Stakeholder das Stärken- und Schwächen-Profil einer Innovation, d.h. die positiven und negativen Wirkungen auf die Stakeholder sowie die Dynamik, die sich aus ihrem Zusammenwirken ergibt, verstehen, und in seiner Beurteilung übereinstimmen.

Das Product Field ermöglicht, das Profil einer Produktinnovation auf drei Ebenen zu analysieren:

BEWERTUNG – Jeder Fakt zu einer Produktinnovation kann individuell als positiver, neutraler oder negativer Wirkbeitrag für Stakeholder bewertet werden.

KRAFTFELD – Diese individuellen Einschätzungen liefern Daten für eine Visualisierung der Kräfte, die das Produkt im Prozess seiner Einführung in den Markt anschieben oder ziehen, aufhalten oder zurückdrängen. Diese Visualisierung reduziert Komplexität, damit die zentralen Herausforderungen möglichst deutlich hervortreten.

CHARAKTER – Die individuellen Einschätzungen können auch auf der Ebene eines Elements aggregiert werden. Dies offenbart den relativen Beitrag jedes Elements zum Gesamterfolg einer Produktinnovation. Die Beiträge aller vier Elemente beschreiben den Charakter der Innovation.

Der Schlüssel zur effektiven Steuerung von Innovation ist die Kenntnis ihrer Stärken und Schwächen.

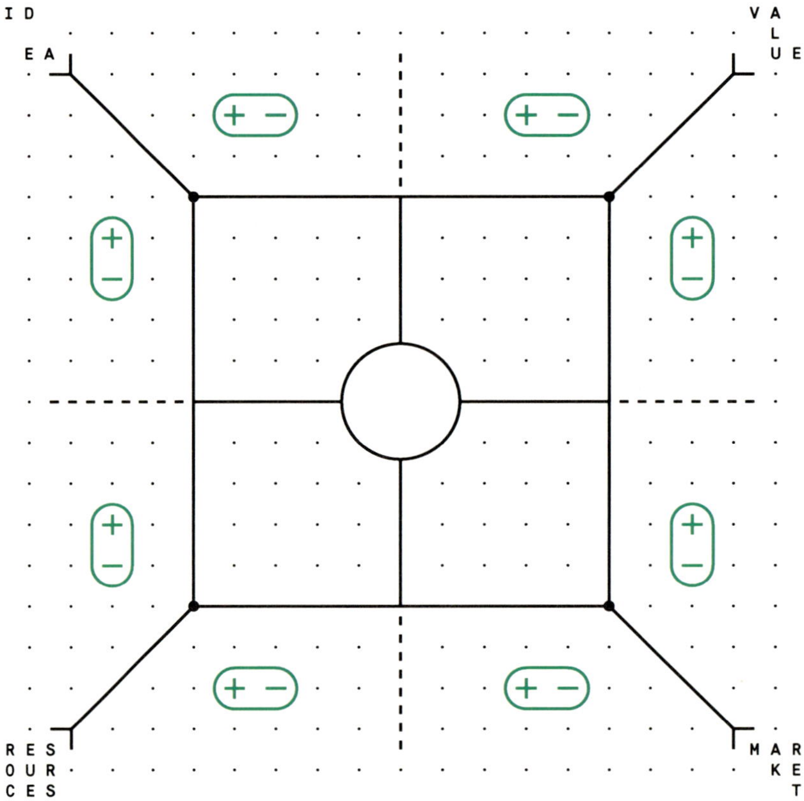
IDEA
VALUE
RESOURCES
MARKET
+ −
+ −
+ −
+ −
+ −
+ −
+ −
+ −

BEWERTUNG

Die im *Context* repräsentierten Akteure, Strategien, Artefakte und Bedingungen bestimmen die Leistungsfähigkeit einer Produktinnovation und sind damit maßgeblich für ihren Erfolg oder Misserfolg. Der Fokus bei der Bewertung einer Innovation liegt deshalb auf ihrem *Context*, um Verbesserungen in der Gesamtleistung des Systems zu ermöglichen.

Die Bewertung beginnt mit der Abgabe von positiven und negativen Stimmen zu einzelnen Fakten. Damit wird der Einfluss dieser Fakten auf den Innovationserfolg beurteilt. Die Summe dieser Stimmen ist eine positive oder negative Zahl, die so entweder eine Stärke oder eine Schwäche kennzeichnet. Wenn eine Gruppe abstimmt und so Stärken und Schwächen gemeinsam identifiziert, repräsentiert die Summe der Stimmen zu einem Fakt seine kollektive Bewertung.

Stärken

Die Stärken einer Produktinnovation zu bestimmen, hilft dabei, sich auf verfügbare Vorteile zu konzentrieren. Stärken können von ganz unterschiedlicher Natur sein – klare Ziele, besondere Assets, herausstechende Erfahrungen und Kompetenzen oder aber ein einfacher Zugang zu bestimmten Nutzern und Marktsegmenten.

Schwächen

Die Schwächen einer Produktinnovation zu ermitteln, hilft dabei, Risiken zu mindern und Stolperfallen zu umgehen. Schwächen können Akteure, Strategien, Artefakte und Bedingungen sein, die fehlen, mangelhaft sind oder sich gegenseitig behindern, was sichtbar wird, wenn man die Innovation anhand der formalen Grammatik überprüft. Beispiele sind schwache *Drivers,* konkurrierende *Goals*, mangelndes Know-how oder eine blockierte *Distribution.*

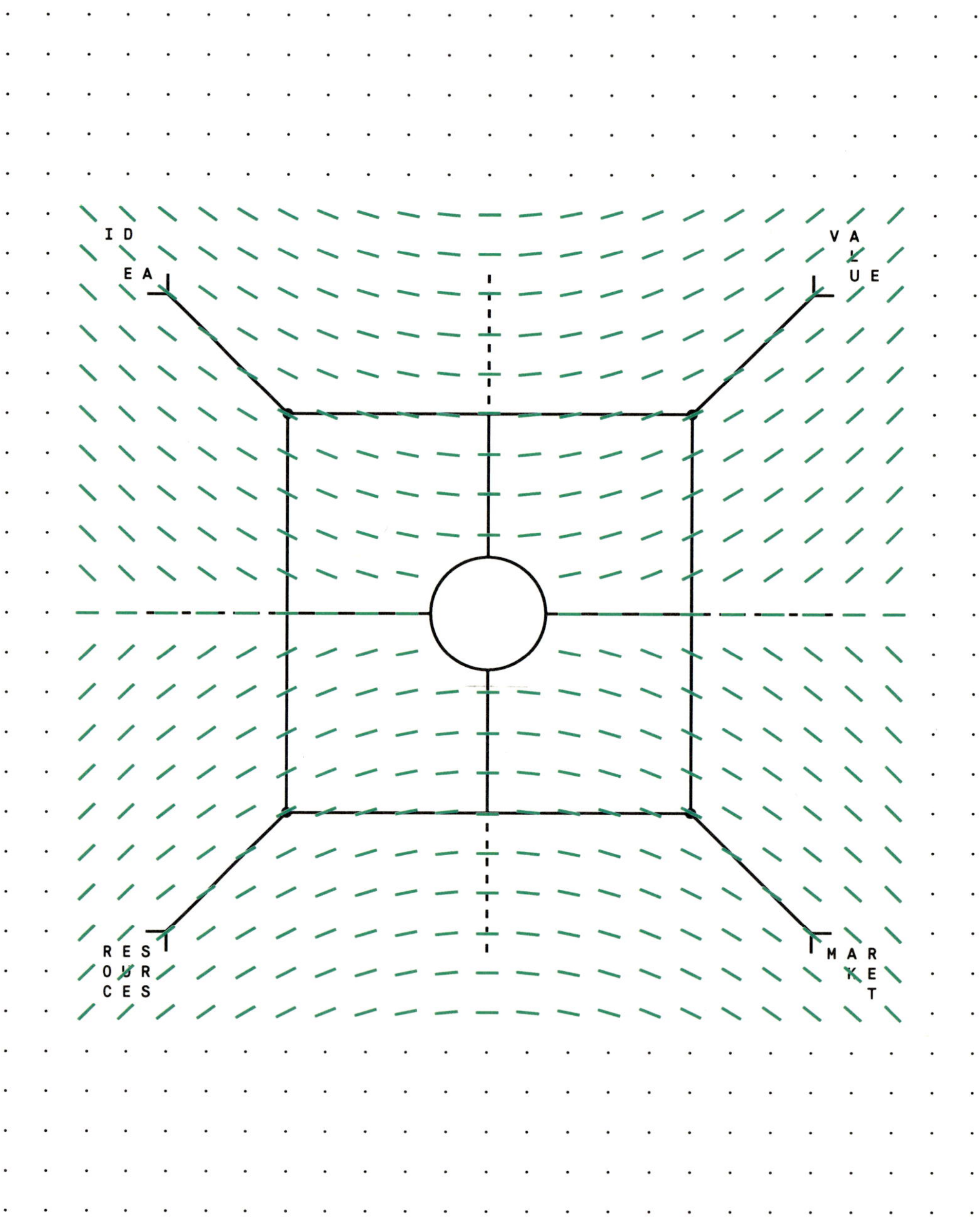
IDEA
VALUE
RESOURCES
MARKET

KRAFTFELD

Sobald die Stärken und Schwächen einer Produktinnovation ermittelt sind, kann das Product Field die durch ihr Zusammenspiel entstehenden Kräfte visualisieren. Die Kräfte wirken entlang der Dimension *Introduction*, denn diese repräsentiert die faktische Arbeit am Produkt, also seine Entstehung und Vermarktung. Die Dimension der *Realization* superveniert auf derjenigen der *Introduction*.

Kräfte können das Produkt auf seinem Weg von innen nach außen entweder anschieben und ziehen, also den Erfolg begünstigen, oder es durch Störungen oder Blockaden bei der Einführung aufhalten.

Solche Muster kontraproduktiver Kräfte markieren die Punkte mit dem höchsten Misserfolgsrisiko. Daher sollte die Steuerung von Produktinnovation in erster Linie auf die Minderung dieser Risiken ausgerichtet sein. Gleichzeitig kann die Nutzung bestehender Stärken dazu beitragen, positive Kräfte zu verstärken und dadurch negative zu überwinden.

Produktinnovationen mit großen Erfolgschancen werden von einem Kraftfeld repräsentiert, das ungestört von innen nach außen wirkt.

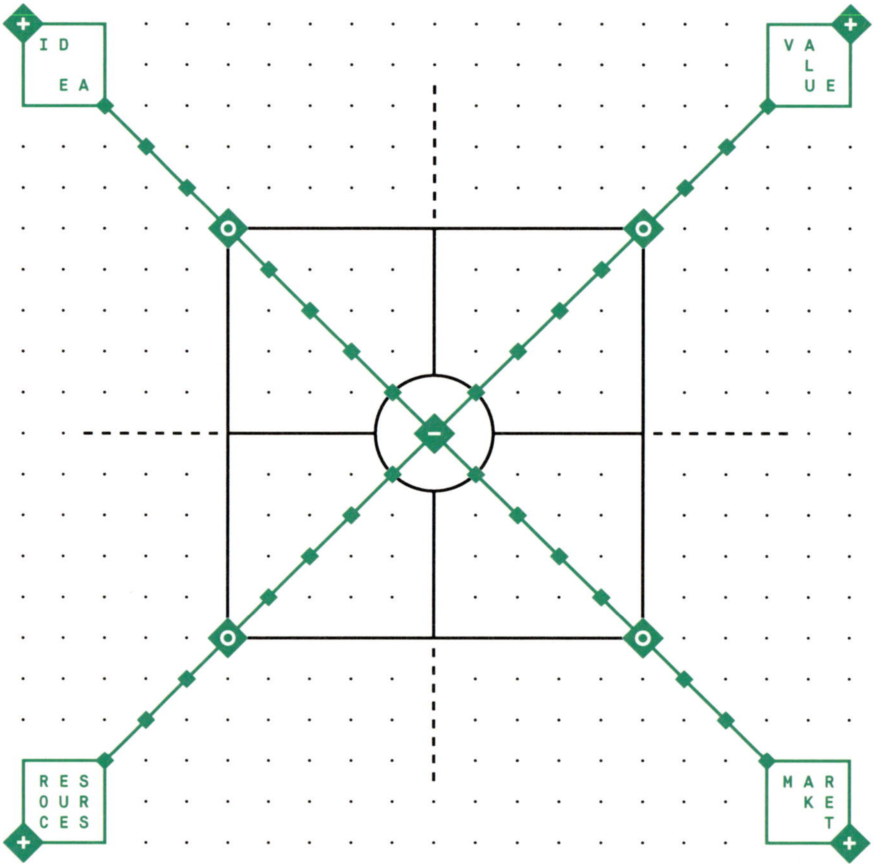
ID
EA
VA
L
UE
RES
OUR
CES
MAR
KE
T

CHARAKTER UND TYPEN

Der Charakter einer Produktinnovation wird durch den jeweiligen Beitrag jedes seiner vier Elemente bestimmt.

Um den Charakter einer Innovation zu beurteilen, werden die Punkte der einzelnen Stärken und Schwächen für jedes Element summiert.

Die resultierenden Punktwerte sind ein Maß für den relativen Beitrag jedes Elements zum Gesamterfolg einer Produktinnovation. Zusammengenommen beschreiben die vier Punktwerte den Charakter einer Innovation.

Der Charakter wird visuell repräsentiert in einem Sterndiagramm mit vier diagonalen Speichen, die die *Idea,* den *Market,* den *Value* und die *Resources* darstellen. Die Datenlänge jeder Speiche ist proportional zu jedem bestimmten Beitragswert in Relation zum maximalen Beitragswert. Die Datenwerte für jede Speiche werden sodann mit einer Linie verbunden. Die daraus entstehende sternartige Darstellung zeigt das spezifische Beitragsprofil der Innovation und visualisiert damit ihren Charakter.

Wenn die Beitragswerte in den jeweiligen Dimensionen eine klare Rangordnung ergeben, exemplifiziert eine Produktinnovation einen von vier Innovationstypen. Ihre jeweiligen Sterndiagramme bilden klar erkennbare Muster, in denen das jeweils stärkste Element der Innovation deutlich hervorsticht.

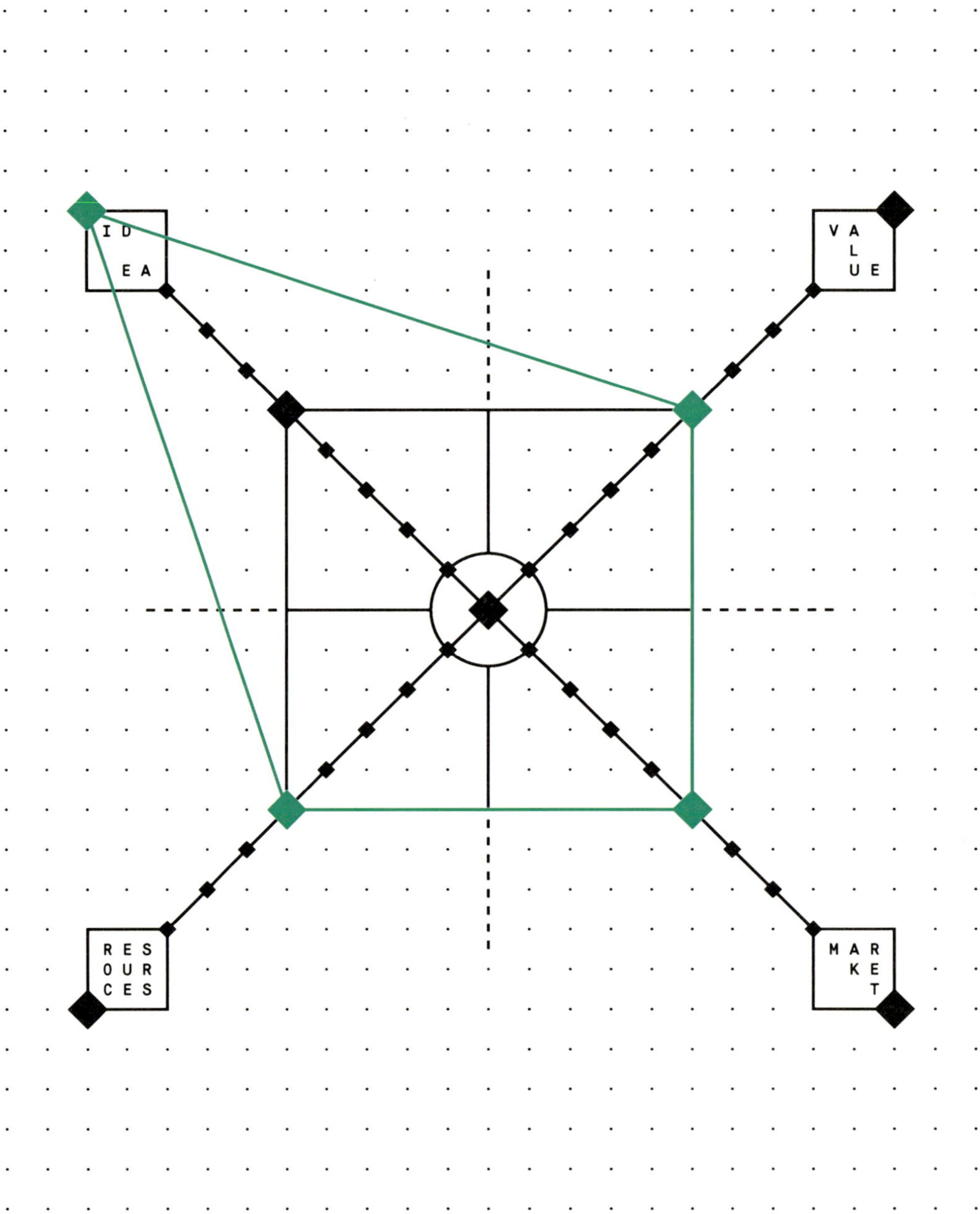
I D
E A
V A
L
U E
R E S
O U R
C E S
M A R
K E
T

Idea Push

Wenn der höchste Beitragswert im *Idea*-Element liegt, ist die Innovation durch die Nutzung, Entwicklung und Ausrichtung von starken *Drivers*, klaren und ehrgeizigen Goals und einer ausgeprägten Uniqueness gekennzeichnet. Es entsteht eine Schubkraft von der *Idea* hin zu *Users* und *Customers*.

Idea-Push-Innovationen brauchen einen starken Driver mit Kontrolle über Enabler und einen klaren Produkt-Purpose.

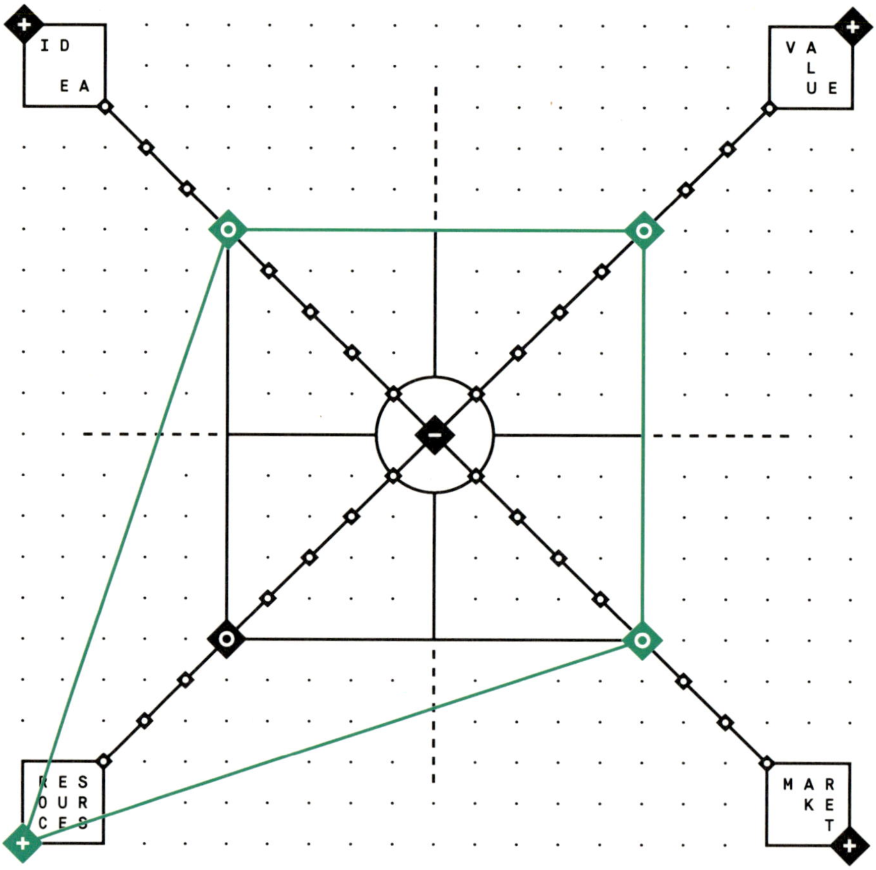
ID
EA
VA
L
UE
RES
OUR
CES
MAR
KE
T

Resources Push

Wenn der höchste Beitragswert im *Resources*-Element liegt, konzentriert sich die Innovation auf die Nutzung von bestehenden Assets, die Organisation der *Production* und die Herstellung einer *Solution.* Es entsteht eine Schubkraft von den *Resources* hin zu *Users* und *Customers.*

Bei Resources-Push-Innovationen treiben starke Enabler die Ideenentwicklung und Umsetzung im Markt voran.

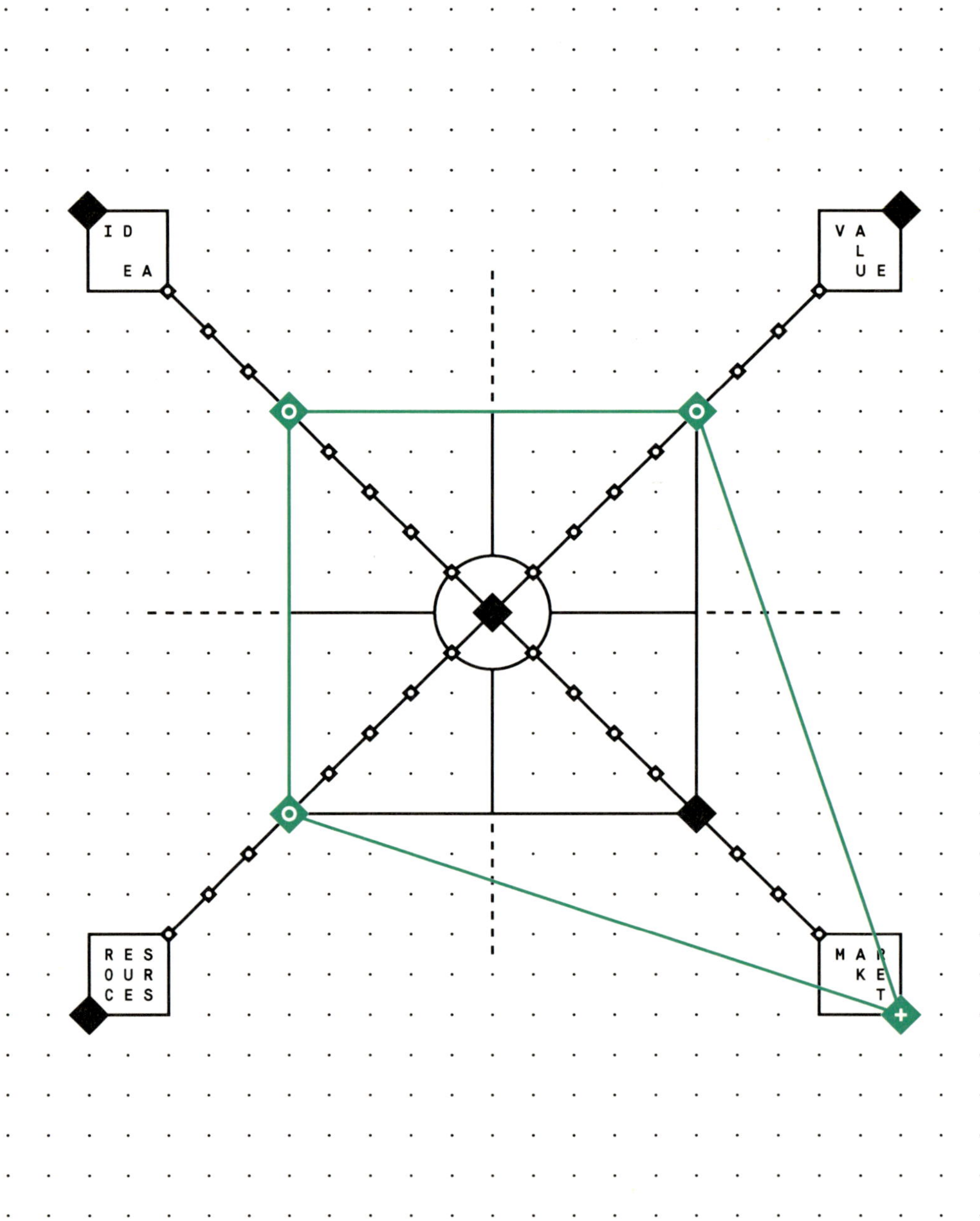
ID
EA
VA
L
UE
RES
OUR
CES
MAR
KE
T

Market Pull

Wenn der höchste Beitragswert im *Market*-Element liegt, bestehen die Stärken der Innovation darin, *Customers* zu identifizieren und zu erreichen, *Distribution* zu skalieren und *Alternatives* zu verdrängen. Daraus entsteht eine Zugkraft in Richtung Marktdurchdringung des Produkts.

Market-Pull-Innovationen setzen auf massive Distribution, um die Nachfrage durch Customers zu stillen.

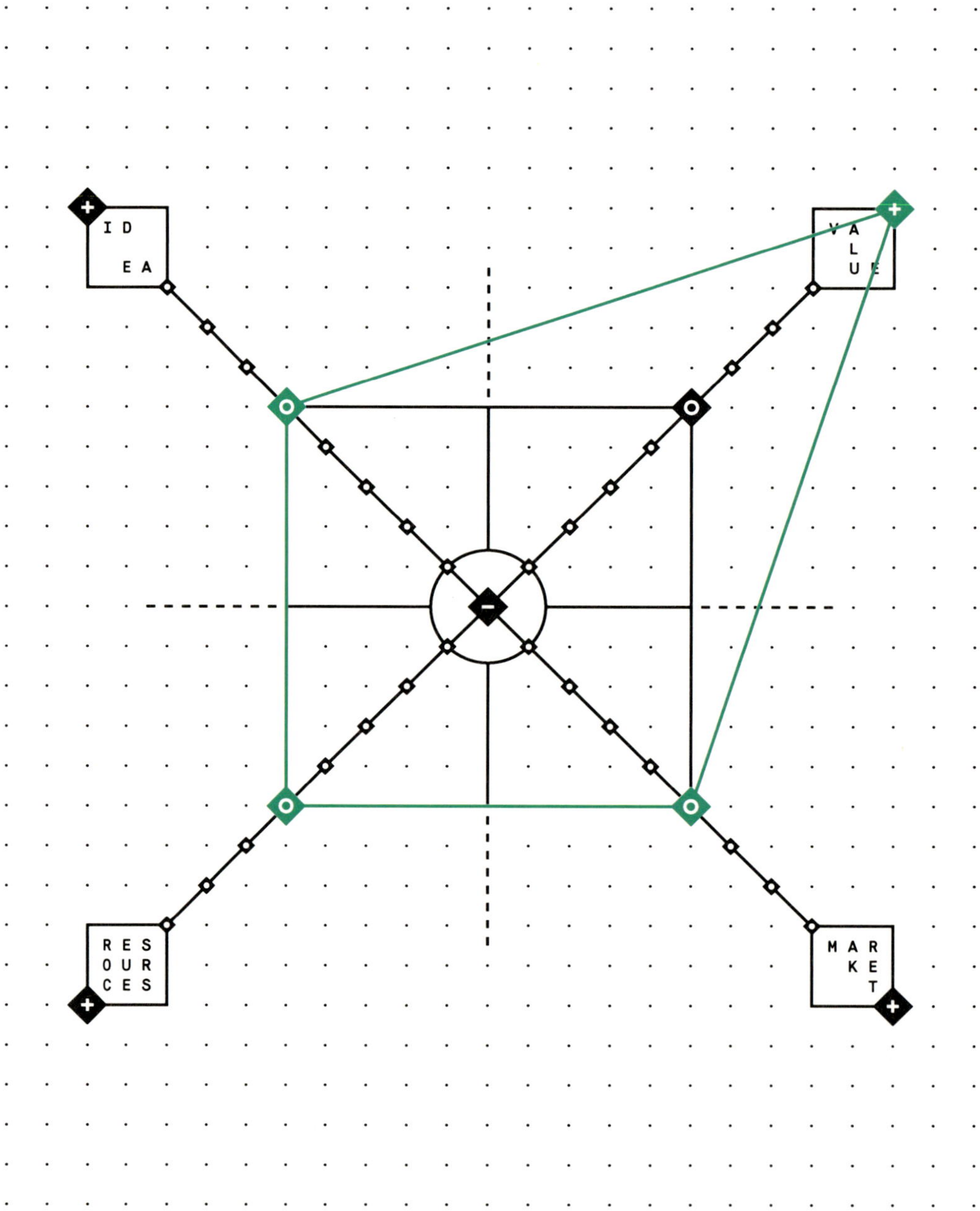
ID
EA
VALUE
RES
OUR
CES
MAR
KE
T

Value Pull

Wenn der höchste Beitragswert im *Value*-Element liegt, ist die Innovation besonders gut darin, *Users* und ihre *Motivations* zu verstehen und anzusprechen. Daraus entsteht eine Zugkraft in Richtung Nutzung des Produkts.

Value Pull-Innovationen zielen darauf ab, zufriedene Users zu zahlenden Customers zu machen.

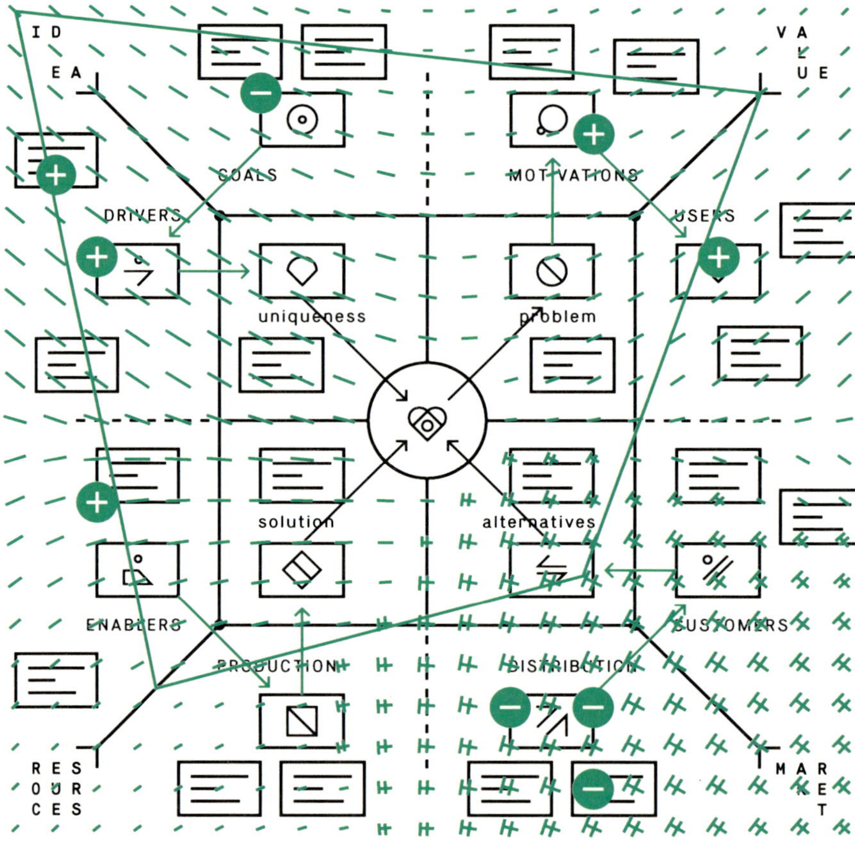
I D
E A
V A
L
U E
GOALS
MOTIVATIONS
DRIVERS
USERS
uniqueness
problem
solution
alternatives
ENABLERS
CUSTOMERS
PRODUCTION
DISTRIBUTION
R E S
O U R
C E S
M A R
K E
T

FIND – IN DER PRAXIS

Bei Verwendung eines physischen Canvas sollten Sie die Fakten mittels Punktabstimmung *(Dot Voting)* bewerten: Lassen Sie die Arbeitsgruppe kleine, bunte Klebepunkte auf die konsolidierten Sticky Notes kleben – grüne Punkte für positive Aspekte, rote Punkte für negative Aspekte.

Nach unserer Erfahrung funktionieren folgende Regeln am besten:

- Verwenden Sie acht grüne Punkte für die Abstimmung über *Context*-Stärken: drei Punkte für die wichtigste Stärke, je zwei Punkte für die zweitwichtigsten Stärken und einen Punkt für die drittwichtigste.

- Verwenden Sie sechs rote Punkte für die Abstimmung über *Context*-Schwächen: drei Punkte für die wichtigste Schwäche, zwei Punkte für die zweitwichtigste Schwäche und einen Punkt für die drittwichtigste.

Bei der Erzeugung von Kraftfeldern hilft die Product Field-App. Die Sterndiagramme können einfach berechnet und von Hand gezeichnet werden. Nutzen Sie beide Methoden, um die wichtigsten Stärken und Schwächen zu identifizieren, die es zu nutzen oder auszugleichen gilt. Notieren Sie für jede davon konkrete Fragen und Aktivitäten mit konkreten Verantwortlichkeiten und Erfolgskriterien.

Um an den identifizierten Themen zu arbeiten, stehen Ihnen zahlreiche Methoden aus Bereichen wie Design Thinking, Lean Startup und Agiler Entwicklung zur Verfügung.

QUELLEN-VERZEICHNIS

Literaturhinweise

Quellen und Hintergrund für unsere zentralen Themen

- Als Einführung in die Komplexität von Innovation ist Stephen J. Klines und Nathan Rosenbergs Aufsatz "An Overview of Innovation" nach wie vor unübertroffen.

- Eine frühe und unterschiedlich akzentuierte, wenn auch verwandte Verwendung des Begriffs *Product Thinking* findet sich in Nikkel Blaases Medium-Artikel "Why Product Thinking is the next big thing in UX Design".

- Unser Framework für die Beschreibung komplexer adaptiver Systeme ist von Robert Axelrods und Michael D. Cohens Buch *Harnessing Complexity* beeinflusst.

- Hilfreiche Literaturübersichten zum Thema Sense-making sind Peter Pirollis und Daniel M. Russells "Introduction to this Special Issue on Sensemaking" in *Human-Computer Interaction*, Vol. 26, und Brenda Dervins und Charles M. Naumers Lexikonartikel "Sense-Making" in der *Encyclopedia of Communication Theory*.

- Eine umfassende Theorie der Begriffsräume, ihrer Bedeutung und Konstruktion findet sich in Peter Gärdenfors' Buch *"Conceptual Spaces"*.

- Mit ihrem Paper *"Visualizing Thought"* liefert Barbara Tversky eine eingehende und umfassende Darstellung der Visualisierungstechniken und -theorien, auf denen unser (und so ziemlich jeder) Canvas basiert.

Das Product Field steht auf Schultern von Riesen.

Paperback 2020

Autoren

Klaus-Peter Frahm

Michael Schieben

Wolfgang Wopperer-Beholz

Verlag

Next Factory Ottensen

SinnerSchrader Aktiengesellschaft

Völckersstr. 38

22765 Hamburg

+49 40 39 88 55 0

nextfactory@sinnerschrader.com

Buchkonzept/Gestaltung

Stellavie – Heidemann und Klein GbR

Jonas Mannherz – SinnerSchrader Aktiengesellschaft (Paperback)

Maja Kristin Harden – precious design studio (engl. Originalausgabe)

Druck/Produktion

Pro BUSINESS digital printing Deutschland GmbH

Schriften

Noe Text, Maison, Maison Mono

ISBN

978-3-9818711-4-2 (Paperback)

978-3-948580-61-2 (E-Book)

#Business #Innovation #ProductThinking

Klaus-Peter Frahm, Michael Schieben,
Wolfgang Wopperer-Beholz

PRODUCT FIELD
DIE REFERENZ

Willkommen zu einem Sense-making Framework für Produktinnovation – einem geteilten Vokabular, umfassenden Modell und bewährten Instrumentarium für gemeinschaftliches **Product Thinking**. Es hilft Ihnen dabei, eine geteilte Sicht auf Produktinnovationen zu erzeugen, Handlungen besser aufeinander abzustimmen, Erfolgsfaktoren und Verbesserungspotenziale auszuloten und schließlich Ihr Produkt auf die nächste Innovationsstufe zu heben.

Willkommen im Product Field.

9 783981 871142

NEXT FACTORY OTTENSEN — NFO/01/PF

ISBN 978-3-9818711-4-2